U0178878

达尔文的生命探索

苗德岁 著

蚯蚓的秘密

（少儿彩图版）

人民文学出版社 天天出版社

图书在版编目（CIP）数据

蚯蚓的秘密：少儿彩图版 / 苗德岁著. -- 北京：天天出版社, 2024.3
（达尔文的生命探索）
ISBN 978-7-5016-2184-2

Ⅰ. ①蚯… Ⅱ. ①苗… Ⅲ. ①蚯蚓－少儿读物 Ⅳ. ①Q959.193-49

中国国家版本馆CIP数据核字(2023)第241564号

责任编辑： 王晓锐　　**美术编辑：** 邓　茜
责任印制： 康远超　张　璞

出版发行： 天天出版社有限责任公司
地址： 北京市东城区东中街 42 号　　**邮编：** 100027
市场部： 010-64169902　　**传真：** 010-64169902
网址： http://www.tiantianpublishing.com
邮箱： tiantiancbs@163.com

印刷： 北京博海升彩色印刷有限公司　　**经销：** 全国新华书店等
开本： 710 × 1000　1/16　　**印张：** 8
版次： 2024 年 3 月北京第 1 版　　**印次：** 2024 年 3 月第 1 次印刷
字数： 71 千字

书号： 978-7-5016-2184-2　　**定价：** 39.00 元

版权所有 · 侵权必究
如有印装质量问题，请与本社市场部联系调换。

目录

1　第一章　《蚯蚓的秘密》的诞生

9　第二章　认识腐殖土与蚯蚓

19　第三章　蚯蚓的生活习性

30　第四章　蚯蚓的功能

50　第五章　蚯蚓如何拖曳物体?

64　第六章　蚯蚓的洞穴

78　第七章　蚯蚓的地质力量

99　第八章　蚯蚓的智力

104　第九章　出版后的反响

116　尾声

第一章

《蚯蚓的秘密》的诞生

烈士暮年，壮心不已

1871 年 2 月 12 日是达尔文的 62 岁生日，距离《人类的由来》正式出版只有 12 天的时间。达尔文在该书中提出了震惊世人的论断:“人类骄傲地认为自身是上帝亲手完成的一件杰作，而我则更谦卑地相信——人类来自动物。”从这句惊世骇俗的话来看，他完全不像一位六十多岁的老人，更像一个正值青壮年的勇猛斗士。

事实上，达尔文依然像青壮年时期那样勤奋地工作: 为了进一步支持他的上述立论，他紧张地撰写《人类和动物的表情》一书（于次年出版）；同时，他还在修订《物种起源》（第六版，也是他生前的最后一版），以回应批评者们提出的各种问题和批评。然而岁月不饶人，由于多年的积劳成疾，此时达尔文的身体状况

已是每况愈下。

“烈士暮年，壮心不已”，达尔文依然深爱着研究工作，深爱着大自然和博物学。由于不需要从事谋生的工作，他从来也没想到要过悠闲的退休生活。不过，像大多数人一样，达尔文也意识到自己来日无多，期望老之将至，落叶归根。正如他向好友胡克先生抱怨的那样：“我所剩时日已不多，‘党豪斯’的墓地现在于我而言便是地球上最甜蜜的地方了。”因此，他开始把科研注意力转向身边的家园，转向脚下的热土。他决计重新审视年轻时研

究过的、终生未能忘情的“老朋友”——蚯蚓，深入研究它们的形态结构、生理特征、生态习性，以及它们活动的地质学和考古学意义。

蚯蚓最早引起达尔文的注意，还得归功于他的舅舅。达尔文小时候经常到舅舅家去玩。有一次，舅舅告诉他一件有趣的事：多年前散落在舅舅家草坪上的各种碎屑和小玩意儿，后来被埋在草坪下几厘米深的土壤里。舅舅怀疑这是蚯蚓们干的。此外，草坪上还经常出现很多蚯蚓的粪便，有碍观瞻。这件事当时就激起了达尔文的好奇心，但由于种种原因，直到他环球考察归来，才重新开始琢磨这件事。

达尔文随“小猎犬”号环球考察归来后，曾到舅舅家小住了四天。其间，他在舅舅家的大草坪上着迷地观察蚯蚓在土壤里的活动。不久，他根据自己的观察写了《论腐殖土的形成》一文，并于 1837 年在伦敦地质学会宣读了这篇有关蚯蚓改造土壤的论文。当时他的同事们对这篇论文的反应比较冷淡，因为他们更急切地想听达尔文报告他环球科考的重大发现——谁会对这些不起眼的蚯蚓感兴趣呢？

所幸著名地质古生物学家、伦敦地质学会前主席威廉·巴克兰教授高度评价了达尔文的这篇有关蚯蚓的论文，称其为“解释

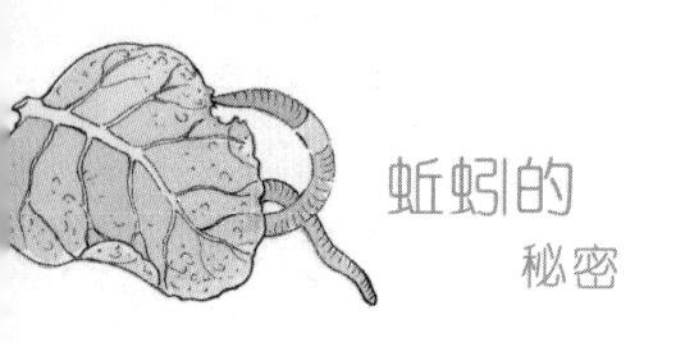

地表普遍而重要现象的新理论”，赞扬达尔文实际上发现了“改造地貌的一种新力量”。因此，达尔文的这篇报告得以在次年的《伦敦地质学会会志》上正式发表，成为他早期的科学论文之一。

1878—1879 这两年，达尔文在儿子弗兰西斯的帮助下，完成了他晚年有关植物学研究的最后一本书——《植物的运动本领》。时隔 40 年，达尔文觉得自己已经积累了足够多有关蚯蚓的观察和实验资料，他决定写一本关于蚯蚓的书。

达尔文唯一担心的是：这种小众书会有多少人对它感兴趣？书的销售市场大概也会很小吧？达尔文做任何一件事都要事先经过深思熟虑；连自己是否要结婚这种事儿，他都曾列出单子来，以权衡其利弊。在是否写作这本书的考量上，他最后得出的结论是：我自己对此感兴趣！

法国科学家亨利·庞加莱也曾说过，科学家并不是因为大自然有用才去研究它，研究大自然是因为他感到了乐趣，而对大自然感到乐趣是因为它的美丽，如果大自然不美，那就不值得去认识了。

这本《蚯蚓的秘密》(原书全名《蚯蚓活动带来腐殖土的形成以及蚯蚓行为之观察》)，是达尔文生前出版的最后一本书(1881年10月出版)。这本书问世6个月后，达尔文因心脏功能衰竭，在家中逝世，故该书也成了他的“天鹅之歌”。

尽管该书的原书名跟他的其他著作同样冗长，但比起他的许多艰深巨著来说，这是一本可以让人轻松愉快、一口气读下来的“小书”。按照时下的流行说法，这是一本名副其实的“大家小书”。与达尔文事先的担心相反，这本书出版后跟《物种起源》同样畅销。

科学上不应该有鄙视链

著名英国物理学家拉塞福曾说过:“科学只有两类，一类是物理学，其余的学科都是集邮活动。”这句话充分反映了科学界存在的鄙视链。

在纪念达尔文逝世100周年时，著名古生物学家、科普作家斯蒂芬·古尔德在1982年4月号《自然志》的《生命如是之观》专栏文章中特别指出:每逢类似场合，世界各国均会举办纪念活动，大家通常都以“达尔文与现代生命”“达尔文与生物演化论”等宏大题目为主题，来纪念达尔文对现代生命科学诸多领域的重大影响，而古尔德则选择走这条“极简、低调的小径”，来讨论达尔文的“蚯蚓之书”。自然大戏中是没有什么“小角色”的，达尔文在这本书里彻底推翻了法学界“法不责小过”的格言。

而达尔文在《蚯蚓的秘密》的引言中，也开宗明义地写道:“‘法不责小过’这一金律，并不适用于科学。”他深知，科学研究对象跟犯罪是截然不同的——在科学上没有大小轻重之分。事实上，他一生中做过无数关于很不起眼的小动物的研究，如蜜蜂筑巢、蚂蚁搬家、珊瑚造礁、甲虫分类等;他还曾花了长达8年的时间潜心研究藤壶。而他对蚯蚓的兴趣，从他环球科考归来到

临终的前一年，长达整整44年。

显然，在他眼里，生物界“无数最美丽与最奇异的类型”中，不存在无足轻重的角色和研究对象。尽管“通过自然选择”的生物演化论是他诠释生命演化精彩大戏的核心内容，但达尔文对上述这些小角色，一点儿也不曾小瞧。

达尔文的《论腐殖土的形成》发表后，当时并没有引起很大的反响。可是20多年后，当他发表了《物种起源》时，有个别反对他生物演化论的人，却用那篇论文来指责达尔文夸大其词甚至于有可能编造了蚯蚓的“惊人的技艺”。这令达尔文十分不悦，也激发了他进一步研究蚯蚓的兴趣。

达尔文在写给子女的回忆录中曾写道:“我出版过的著作就是我一生的里程碑。”确实，他的著作既记录了他对科学事业的伟大贡献，也反映了他锲而不舍、一丝不苟、实事求是的科学精神，更折射出他对科学事业的一片赤诚之心。

《蚯蚓的秘密》一书，同样展现了他从事科研活动的一贯风格:搜集事实做到全面详尽、细致入微，分析问题客观严谨，做结论时总是有一分证据说一分话。他在研究工作中，不仅搜集支持自己想法的事实与证据，而且特别注意搜集那些与自己想法相违背的材料，并竭力保持原始材料的客观性。

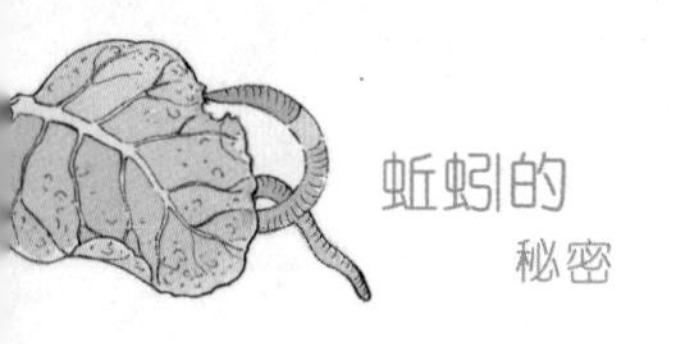

在这本书里，达尔文根据自己第一手的观察，以及他所信任的人实地观察的翔实材料，生动有趣地描述了蚯蚓的生活习性、形态特征及智力水平等，还详尽地记录了腐殖土形成的原因，蚯蚓活动的影响，蚯蚓在土地剥蚀、土壤分层及淹没和保存古建筑物等过程中所起的重要作用。

第二章 认识腐殖土与蚯蚓

什么是腐殖土？

达尔文在《蚯蚓的秘密》的引言中，一开始就强调了蚯蚓对腐殖土的形成贡献很大，而腐殖土在地球上的分布又非常广泛。腐殖土普遍出现在湿度适宜地区的城市草坪和乡间田地里，一般呈褐色或黑色，大约有几厘米厚，属于各种不同类型土壤的表层结构。

腐殖土主要由细小而均匀的土壤颗粒组成，是混杂着泥土微粒与腐烂的动植物物质的一层混合物。腐殖土中的腐殖质含量从表层向下逐渐减少，颜色也随之变浅。因而，腐殖土是土壤层中最肥沃的表层部分，在生物物质循环的过程中积累了丰富的矿物质（比如碳、氮、钙、钾、磷等）和有机质养分（即动植物腐烂分解后的产物以及各种微生物），十分有利于植物的生长。此外，有些专家认为，腐殖土使土壤变得松散透气，并增强了土壤的吸（保）水性；空气（尤其是氧气）和水分更容易通过松散的腐殖土层，迅速渗透到植物的根系，还有助于防止植物（包括农作物）发生病虫害。

由于腐殖土中含有丰富的养分，因此也是大量微生物繁衍的地方，而这些微生物与菌类（比如蘑菇等）、蚯蚓等都是生物物质循环过程中的主要分解者；它们与腐烂的动植物遗体之间的相互作用，进一步加快了自然界生物物质循环的进程。达尔文发现，在腐殖土形成过程中，蚯蚓发挥了多方面的重要作用。

蚯蚓是蠕虫不是昆虫

大家对蚯蚓一定不会感到陌生，钓鱼的人喜欢挖蚯蚓作鱼饵。中国古诗词中咏蚯蚓的诗句很多，可见人们并非忽略这种小动物。比如，宋代释文珦的“蚯蚓耕泥起，蜻蜓点水飞”中的“蚯蚓耕泥起”就形象地写出了蚯蚓与土壤的密切关系。

在动物分类学上，蚯蚓属于环节动物。环节动物一般又称作蠕虫，但蠕虫并不是昆虫。蚯蚓的身体两侧对称，由皮肤和肌肉组成一环接一环的体壁，每一环也就是一个体节。不同物种蚯

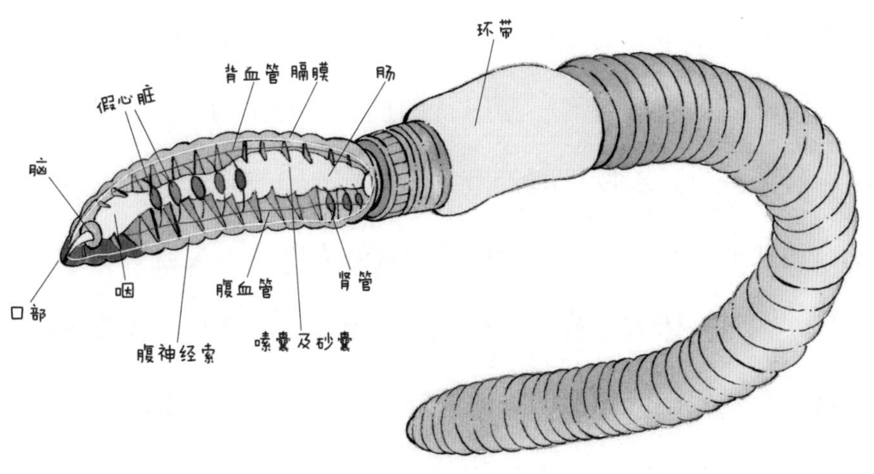

蚓的体节数目不同，最多可长达100多节。由许多体节构成的蚯蚓体形呈细长的圆柱状，但由于每一种蚯蚓的体节数不同，其体长也长短不一。成熟的蚯蚓在靠近口部的一端有一圈比较宽的环带，以环带为界，将身体分为头尾两端：从口部到环带是头部，为前端，环带后面是尾部，为后端。通常蚯蚓身体的前端比较尖，后端比较粗。蚯蚓是终生生长的动物，但性成熟之后，即便身体继续生长，体节数目也保持不变。

虽然蚯蚓的种类很多（已知全世界共有8000多种），但它们的长相大同小异。又由于蚯蚓没有骨骼，这种分节的环节动物就像一条长长的弹簧一样，可以弯曲成各种形状，因此，它们的身体形态无时无刻不在变化，可以摆出各种各样的"造型"。

蚯蚓的主要器官系统（如神经、循环和消化系统等）自前至后全身纵行分布。消化道位于体腔中央，穿过各个体节之间的膈膜。消化道的背腹各有一条纵行的血管，分别为背、腹血管；中枢神经系统有一对咽上神经节（“脑”神经节）位于第三体节背侧，而从咽下神经节向后延伸的腹神经索则位于腹血管下方，腹神经索在每一体节都有一个神经节。因此，几乎每一体节内的内脏器官都是相同或相似的。体节外部之间大多都有节间沟，几乎每个体节之外都生有4对刚毛。刚毛随着体节肌肉的收缩或舒张，伸入土壤或与周围土壤“脱钩”，借此支撑和推进身体向前运动。因此，依靠肌肉与刚毛的配合行动，没长腿的蚯蚓也能够运动自如，游弋在土壤之中。

有心没肺、雌雄同体的蚯蚓

蚯蚓一般有4～5对心脏，连接背、腹血管，而且能搏动。不过，蚯蚓并没有动脉和静脉之分。蚯蚓没有肺，其呼吸通过在体表进行气体交换完成。氧溶在体表细润的薄膜中，再渗入角质膜及上皮，进入微血管丛，血浆里的血红蛋白与氧结合后，输送到体内各个部分。蚯蚓的上皮分泌出黏液，背孔排出体腔液，以此来保持体表细润，以利呼吸。此外，光滑细润的体表，也使蚯

蚓在土壤里移动得更加轻松、自如。不过，蚯蚓的体表总是黏黏的，会让有些人感到不自在。

蚯蚓是雌雄同体动物，即同一个体内既有精巢也有卵巢。由于蚯蚓的精子与卵并非同时成熟，所以它们还需要通过异体受精才能繁殖。两只蚯蚓在交配时，将前端腹面相对，头朝着相反的方向，用生殖带分泌的黏液紧贴在一起；各自将雄生殖孔靠着对方的纳精囊孔，通过生殖孔突起把精液注入对方的纳精囊孔里。之后，二者即分手而去，“相忘于江湖”。

待到卵成熟之后，生殖带分泌黏液，在生殖带的外面形成黏液管，把卵排在里面。而后在蚯蚓后退时，再将纳精囊孔对准黏液管，并向管中排放精子。卵在黏液管里受精，最后蚯蚓推出黏液管，将其留在土壤里。黏液管的两端封闭后形成了卵茧，受精卵在卵茧内发育成熟；2 ～ 4 周后，孵化出的小蚯蚓便会破茧而出。

蚯蚓是怎样以吃土为生的？

蚯蚓最有名的特点大概是以吃土为生了。其实，自然界吃土的动物还真不少，比如，某些蜗牛和昆虫、蝙蝠、大象、兔子、鹿、狒狒、大猩猩、黑猩猩以及一些以白蚁为食的鸟类和食蚁兽

等（甚至还包括早期人类中的能人）。它们主要是从土壤中获取一些矿物质元素（如钙、钠、铁、磷、锌等）的补充，就像人类有时也需要服用钙片及其他维生素补充营养一样。

蚯蚓是腐食性动物，主要以腐烂的动植物及其他一些有机物为食，从中获取养料；而这些食物通常与土壤和沙粒混杂在一起，蚯蚓在吃这些食物时，难免连土和沙粒也一同吃下去。蚯蚓吃土的方式很特别，它们的钻洞行为本身也跟摄食紧密地结合在一起，即一面钻土，一面摄食；它们不仅在钻土的过程中获得了食物，也用从食物中获取的能量继续钻土——两者之间是相辅相成的。蚯蚓长期生活在地下土壤里，长时间连续不断地在土里钻

洞，就像一台台高效的钻洞机。

蚯蚓的消化系统虽然很简单，但很有效。它由口、咽喉、食道、嗉囊、砂囊、管状胃、肠和肛门组成，整个消化道既简单又强大有力。嗉囊和砂囊的功能跟鸟类是一样的，嗉囊用来暂时储存食物，砂囊则用来把食物研磨成微粒（因为蚯蚓和鸟类的嘴巴里都没有牙齿）。管状胃和肠是消化和吸收的主要场所，最后的废物连同土壤和细沙粒一起从肛门排出去。这种被称作“蚯蚓粪”的排泄物，也是蚯蚓最为神奇之处。

蚯蚓粪外无沃土

不知道你们过去注意到没有，每当季节交替、雨水变多的时候，城市草坪或乡间田野的土地上就会冒出很多蚯蚓。它们爬出潮湿的土壤，到地面上来呼吸、觅食和交配，会留下很多奇形怪状、松散的土条条，颜色比土壤要淡一些；如果你用手捡起来的话，它们很容易就碎成很细的一堆颗粒。这就是蚯蚓粪。这些是我们在地面上用眼睛能看见的，而在土壤里蚯蚓钻过洞的地方，土壤表面到处都留下了这种排泄物。它们是上好的有机肥料，是蚯蚓把微生物、有机质和矿物质与沙土混合在一起的产物。

蚯蚓粪是天然的肥料，有人会专门把它们收集起来，放到花盆里去养花或培育种子发芽——它们是植物的最爱。这是因为蚯蚓体内的特殊构造，可以分泌出蛋白质、脂肪和碳水化合物，并经过肠道中微生物作用之后，形成蚯蚓粪。而且蚯蚓在吃土的过程中，也跟土壤中的许多微生物之间存在相互作用，并产生反应。科学家们发现，蚯蚓从成体到卵内均有微生物，微生物来源于蚯蚓生活的环境。蚯蚓消化道内某些消化酶很可能也来源于这些微生物，因此微生物在蚯蚓同化吸收有机物中起着重要

作用。

总之，蚯蚓通过钻土、掘穴、摄食、消化、分泌黏液、排泄蚯蚓粪等活动，促进了大自然的生物物质循环和能量传递，增强了土壤肥力，多方面地提升了土壤质量，把土壤改造得更适合植物（包括农作物）生长。因此，达尔文曾说过，“除了蚯蚓粪之外，没有沃土”。

综上所述，蚯蚓在地下土壤中的活动，不仅可以使土壤疏松通气、保水保肥，还可以混合土壤与有机质、提高土壤吸收碳与其他矿物质养分的能力，并能增强植物对病虫害的抵抗力，十分有利于植物（包括农作物）生长。因此，对于农业科学家们来说，蚯蚓是不折不扣的、辛勤的“生物耕耘者”以及功勋卓著的“地下工作者”。

蚯蚓对于土壤的作用，几乎成为尽人皆知的常识：翻耕土地、改善土壤性质、促进农作物根系发育等。

然而，这一切都得归功于达尔文对于蚯蚓的开创性和独创性研究。在他之前，几乎没有人对这种不起眼的小动物感兴趣。是达尔文首先发现土壤的形成与蚯蚓的长期转化是分不开的，并在《蚯蚓的秘密》一书中写道：“我们很难找到其他的生灵像它们一

样，看似卑微，却在世界历史的进程中起到了如此重要的作用。”另外，达尔文还说过：“蚯蚓的力量比非洲象还要大，对农业经济的贡献胜过耕牛。”

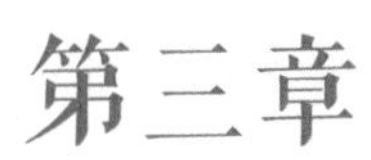

第三章 蚯蚓的生活习性

蚯蚓是怎样排泄的？

直到 1945 年《蚯蚓的秘密》再版，当时非常有名的英国农学家、“有机农业”的开创者艾伯特·霍华德爵士写了一篇导读，对达尔文的研究极为赞赏，并称其为土壤科学的奠基人。自那以后，至少在农学界，尤其是土壤科学领域，《蚯蚓的秘密》成为必读的经典著作。

与当年大多数读者的感受类似，读这本小书最令人感到愉悦之处，在于字里行间所展示的贯穿作者一生的见微知著的洞察力，以及他对细枝末节不厌其详的生动描述：

蚯蚓在吞土之后，无论是为了钻洞还是取食，不久便会冒出地面排泄。排出来的土与肠内分泌物充分混杂，因而呈黏稠状。

干燥后即慢慢变硬。我观察过蚯蚓排泄土的情景：当土呈液状时，排泄时是一小股一小股地喷射出来的；当土不那么稀的时候，是缓慢蠕动般排出的。排泄也不是无序的，而是有规律的，先排在身体一侧，然后在另一侧；尾巴几乎当作镘用。当排出的土堆成一小堆时，为安全起见，蚯蚓明显地收缩尾部；土状排泄物堆积在先前排出的稀软的排泄物之上。在相当长的时段内，同一个洞口用于同一目的。

对于这段蚯蚓排泄的观察和描述，初读之时，你也许会觉得达尔文絮絮叨叨；但一路读下来，你会慢慢地感到他对蚯蚓钟情到十分可爱的地步，及至掩卷沉思，忽然发现他老人家在不温不火的文字下面，深藏着许多重要的细节，并揭示了蚯蚓粪混合土与肠内分泌物，以及排出的粪便之多，为阐述蚯蚓改造土壤的重要作用提供了有力证据。

勤劳的搬运工及清洁工

秋风扫落叶是季节更替、落叶树的枝叶经历新旧轮回的自然现象。每到秋天，人们都会清扫被秋风吹落在街道和庭院地面上

的树茎和树叶。那么，野外和森林中的落叶跑到哪里去了呢？

达尔文发现，蚯蚓是非常勤劳的搬运工，是它们把野外和林中地面上的落叶拖曳（并掩埋）到了它们在地下钻出的洞穴里。他在《蚯蚓的秘密》中提到，据估算，在法国的一片森林中，蚯蚓花了大约 10 个月的时间，搬运和消耗了地表约 25% 的落叶。而后来的研究表明，实际上的搬运和消耗量远远大于达尔文最初的估算，在某些地方竟高达 90% ～ 100%！

达尔文还在家中的花盆里做过实验：他往花盆里放进细沙和树叶，并在里面养了两条蚯蚓，6 周以后花盆里就生成了 1 厘米厚的腐殖土，可见蚯蚓在腐殖土的形成中所起的重大作用。野外

土壤里蚯蚓的数量大到惊人的程度：达尔文当初估算每英亩（1英亩约为4047平方米）约有5万条蚯蚓，现在科学家认为他太保守了，大大地低估了——每英亩至少有100万条！因而，它们对许多决定土壤肥力的过程能够产生重要影响，故蚯蚓被蚯蚓生态学家们称为“生态系统工程师”。蚯蚓在生态系统中既是消费者、分解者，又是调节者，它们通过取食、消化、排泄和掘穴等活动，与其他微生物一起，在体内外形成了众多的反应圈，从而对生态系统的生物、化学和物理过程产生了巨大影响。

在达尔文研究蚯蚓之前，一般英国人都把蚯蚓视为花园中的害虫；而在有些传统社会里，直到现在人们依然有这样的误解。他们认为蚯蚓会损坏植物的根系，而且蚯蚓粪把美丽的花园和草坪弄得一片狼藉。在那个时候，一般人最多认识到蚯蚓在疏松土壤方面有那么一点儿用处，除此之外就是作为钓鱼用的诱饵了。即使在像美国这样的发达国家，还有人为了保护高尔夫球场的整洁，而用杀虫剂去杀死蚯蚓……

当时有一位书评人曾不无嘲讽地评价《蚯蚓的秘密》：“在大多数人眼里，蚯蚓只不过是一种目盲、无感觉、令人生厌、黏糊糊的环节动物而已。达尔文先生却极力想改变它在人们心目中的形象，把它塑造成有智慧且有益的，成为改造伟大地质变迁的工

作者、人类的朋友。”达尔文对此一反常态地予以反击：“这项研究貌似无足轻重，但将来会十分有意义！整个英国所有的腐殖土都曾通过蚯蚓的肠道很多次了，而且还将通过无数次……这对只有几厘米长、其貌不扬的小动物来说，其伟大贡献简直是惊人的！”

尽管当时的科学家很少有人能够理解达尔文的上述论断，但达尔文毫不怀疑蚯蚓的作用就像生物演化论一样，终将被大家所接受。对于一位法国同行的质疑，达尔文同样不客气地答道：“对此你不应该基于你的内心感受，而是要基于观察和事实。”达尔文非常有底气，因为他深知自己的结论是基于坚实、严谨的科学依据做出来的。

蚯蚓在生态系统中的功能除了上述几项（1. 促进土壤中的有机质分解和养分循环等；2. 改良土壤的化学物理性质；3. 与植物、微生物及其他动物的相互作用；4. 增强植物对病虫害的抵抗力等）之外，蚯蚓及其活动在生态系统中的功能还体现在它是生态环境的清道夫（清洁工人）。

蚯蚓不光搬运地面上的小树茎和落叶；由于它们是生态系统中默默无闻的分解者，一切动植物的遗体，只要小到它们能够搬得动，它们就会像“蚂蚁搬山”一样把遗体搬运到一起并埋藏在

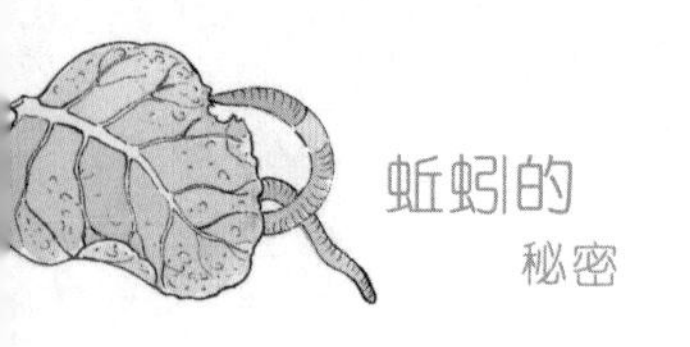

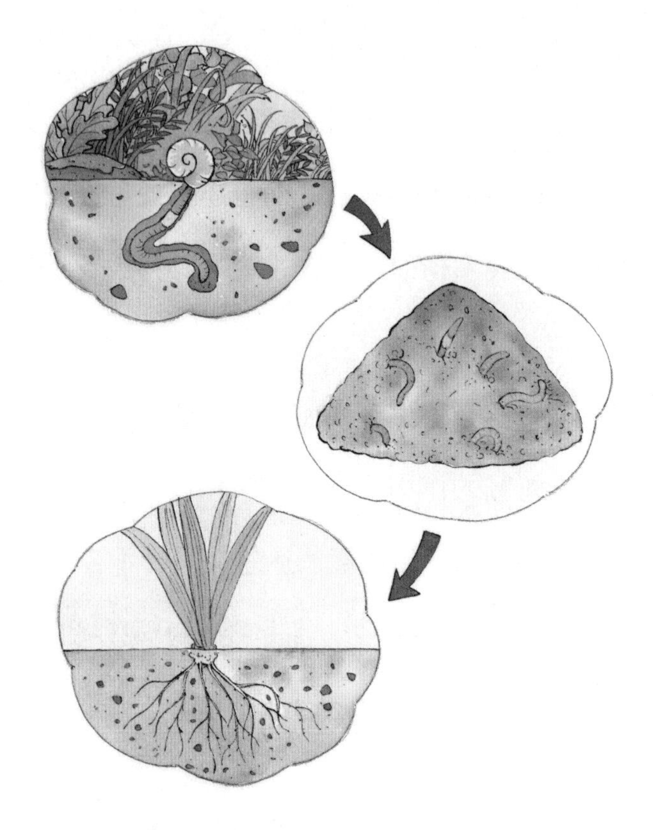

蚯蚓粪下面，变成腐殖土层的一部分。比如，死亡动物遗体被大型食腐动物吃剩下来的骨头渣子、昆虫的甲壳残片、陆生软体动物的碎壳（如螺壳等），勤劳的蚯蚓都会搬，结果就形成了蚯蚓粪堆肥。这样一来，在蚯蚓与微生物的相互作用下，这些有机废弃物（还包括农业废料与人们丢弃的厨房垃圾等），就变成了无臭味并具有较低有害化合物、较高有机质养分与较多土壤酵素的上好有机肥料，并直接供应到植物（包括农作物）的根部。因此，蚯蚓不仅对于清除环境废弃物提供了一个便宜、有效、绿色

的解决方法，成为生态环境的清洁工，而且化废为宝，成为有机肥料的加工者。

事实上，20 世纪 50 年代兴起的有机农业，不仅利用蚯蚓“助手”改良土壤，也利用蚯蚓粪堆肥来替代无机化肥。结果，既保护了生态环境，也维持了土地的可持续耕种。蚯蚓实在是现代农业（其实是回归传统农业）之宝。而这一切都归功于农业科学家们在 20 世纪 40 年代中期重新发现了《蚯蚓的秘密》——这个有趣的故事我们留待后面再讲。

蚯蚓的行为习性

上面介绍的是蚯蚓改良土壤表层的作用及其与土地的关系，这是《蚯蚓的秘密》一书的主题，也是达尔文独创性的学术贡献。这本书一出版很快就成为畅销书，主要在于达尔文对于蚯蚓的行为与习性的仔细观察和翔实描述。加之，他设计了许多十分有趣的小实验去检验蚯蚓的视觉、听觉、味觉等感官系统。如他在写作《物种起源》的准备过程中所做的科学研究小实验一样，他自谦地称之为“笨蛋（傻瓜）的实验”；事实上恰恰相反，达尔文设计的这些小实验，既简单易行又可靠有效，而且非常巧

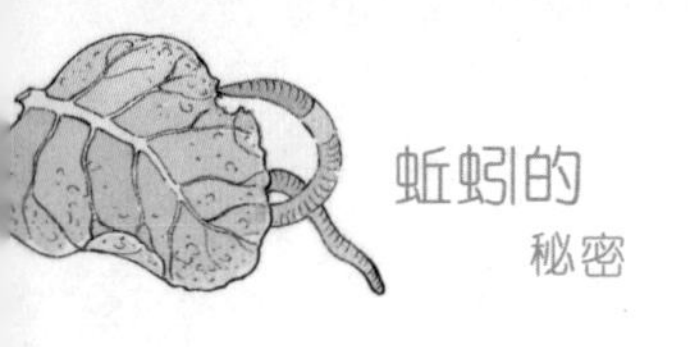

妙有趣。

《蚯蚓的秘密》开头两章都是介绍蚯蚓的行为与习性的，达尔文长期细致地考察了蚯蚓的栖息地特征。虽说蚯蚓是陆栖动物，但是其实它们跟大多数蠕虫一样，主要还是半水栖或水栖动物，因此，蚯蚓可以长时间生活在水下，却不能在干燥的环境里久存；它们必须生活在比较潮湿的土壤里，一直保持体表湿润。这就是为什么我们常常在地面上看到蚯蚓粪，却很少看到蚯蚓出没。

达尔文指出：如果把蚯蚓放在干燥的空气中，一个晚上的时间就会死去。然而把几条蚯蚓放在水里，它们可以存活近4个月。每当夏季地面干燥的时候，如冬季土地冻结时一样，蚯蚓会钻入地下较深的地方穴居。

看来蚯蚓白天不出来，似乎跟阳光的照射与否没有必然的联系。当然，白天强烈的阳光照射，肯定会加速暴露在外的蚯蚓体表失去水分。我们有时候在雨后初晴时会在地面上见到许多蚯蚓。这又是什么原因呢？是因为它们怕被淹死在地下洞穴里而钻出地面来的吗？

达尔文在书里还真的讨论过这个问题！他写道：“高尔顿先生（达尔文的表弟）曾告诉我，1881年3月，有一天他在伦敦海

德公园里的一条仅四步宽的人行小道上，看到每两步半就躺着至少一条死蚯蚓；在长约16步的范围内，足足有45条死蚯蚓。这说明那些蚯蚓不太可能是被水淹死的。如果是被淹死的话，它们应该死在地下洞穴里，而不是在地面的人行道上。我认为它们是染上了疾病，本来就奄奄一息，雨后地面被水所淹，加速了它们的死亡。”达尔文还指出，有一种寄生性蝇幼虫的感染会使蚯蚓患病，而染上这种感染疾病的蚯蚓，也往往会在白天爬出来死在地面上。

那么，为什么蚯蚓一般白天不冒出地面来活动呢？

蚯蚓是夜行类动物

根据达尔文的研究，蚯蚓属于昼伏夜行的“夜行类”动物。它们是夜幕和月光下的工作者，每到夜晚，大群的蚯蚓就会蠢蠢欲动，但通常它们的尾部并不轻易地完全离开洞穴。它们通过尾部扩张、辅以环节间的刚毛，把身体紧紧地“锚”在洞口里面。

蚯蚓通常能够这样紧挨着洞穴口，待上好几个小时，伺机而动。达尔文在他家中养殖蚯蚓的花盆里，也同样观察到类似的情形：从它们的洞穴口，刚好能看到蚯蚓的头部；如果试图突然移

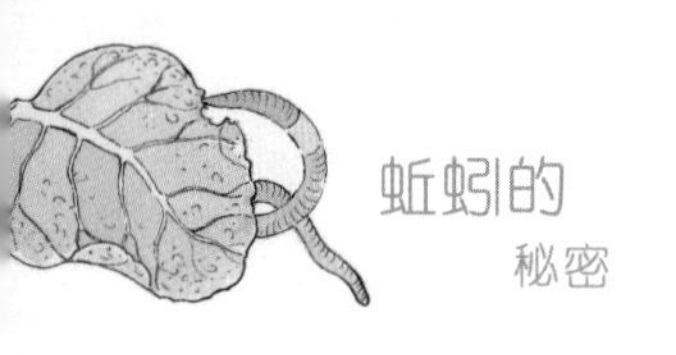

动洞穴口附近排泄出来的土或废物，就会看到蚯蚓的身体末端迅速退缩，停留在靠近土壤表面的洞口处。蚯蚓的这种习性，也引得捕食它们的动物（比如鸟类中的鸫鸟和乌鸫等）往往围在蚯蚓的洞穴口把它们啄出来。

达尔文认为，蚯蚓守在靠近地面的洞穴口处，是为了取暖，而不是为了呼吸新鲜空气——毕竟蚯蚓能够长时间生活在水中。他还发现，蚯蚓经常会搬来树叶把洞穴口盖起来，一是为了保暖，避免身体紧靠着湿冷的土壤；二可能是为了隐蔽。在冬季，蚯蚓甚至会把洞口完全封盖住。

当然，蚯蚓不可能总是待在自己的洞穴里，它们通常会在夜

间跑出去搬运东西。尤其是在多雨的夏季天气湿润时，在雨后清晨的地面上，常常能看到蚯蚓留下的爬痕。即使在冬季，当雪融化的时候，人们在人行道上也能看到它们的爬痕。因而，雪地上留下来的，不尽是“鸿爪”，也可能是“虫迹”……

第四章
蚯蚓的功能

蚯蚓的视觉功能

蚯蚓生活在地下，视力显然是多余的，因而它们没有视觉器官。达尔文原本认为蚯蚓会对光毫无感觉。为了验证自己的猜测，他用烛光观察过花盆内养殖的蚯蚓，还多次用灯光检测过室外的蚯蚓。结果显示，蚯蚓对光确实没有明显的反应，至少没有感到惊恐的反应。然而，达尔文对任何问题都不会轻易下结论。

他在文献中读到，大多数蚯蚓对光很敏感，但反应或许不是很快。于是，他又做了很多有趣的小实验来检验这一说法的真伪。首先，他连续花了几个夜晚，用光去刺激他养在花盆里的蚯蚓。为了防止空气流动可能造成的干扰，他用玻璃罩子盖住了花盆；为了防止花盆附近的地板震动，他蹑手蹑脚地走近花盆，用一只凸透镜信号灯去照射蚯蚓，信号灯侧面还装有蓝色和深红色

的玻璃片。他发现，蚯蚓对这种光毫无反应——无论照射多久都是这样。

据达尔文推断，这种灯光至少比满月时的月光还要明亮，显然光的亮度并没有影响结果。接着，他又使用烛光和石蜡灯光去照射蚯蚓，它们也没有什么反应。然后他又使用光去一明一暗地交替着照射它们，它们依然没有多大反应。但是他发现蚯蚓偶尔会表现出异常的行为，比如瞬间缩回洞里去——这种情况在 12

次实验中，只出现过 1 次。

后来，达尔文用大透镜把烛光聚集，分别照射到蚯蚓身体的前端与后端；他发现，当照射身体前端时，它们会立即缩回洞里，如果遮盖住身体前端、只照射身体后端的话，它们就毫无反应。由于蚯蚓的脑神经节位于身体前端，因此他认为蚯蚓的脑神经节对光是有反应的。

蚯蚓对光与辐射热有一定程度的感知

达尔文还发现，当蚯蚓专心致志地拖曳或吞食树叶的时候，抑或在交配的时候，它们对光线的照射均毫无反应，似乎完全忽视了光的存在。总之，他认为光照的强度和时间以及照射的部位甚至于“情境”，都会影响光线对蚯蚓的作用或蚯蚓对光的感知。

蚯蚓虽然没有视觉，但对于光的感知也许使它们能够辨别昼夜，从而躲过日间的天敌捕食。不过，昼伏夜行似乎已经成了蚯蚓的习性。对此，达尔文也曾做了个小实验：他白天在养殖蚯蚓的花盆上罩上一块玻璃，并在玻璃上铺上几层黑纸，使光线透不进去。结果发现，蚯蚓还是只在夜间出来活动，白天依然总是躲在洞里。那么，在今天看来，蚯蚓体内是否也存在“生物钟”机

制呢？达尔文在书中并没有讨论这一问题。

达尔文还尝试去探究：蚯蚓对辐射热是否有感知？他在不同的时间，用一根烧红的铁棍靠近蚯蚓，用自己的手来感觉适度的距离，以不烫手但明显感到很暖为标准，来调整铁棍与蚯蚓之间的距离。他发现：第一条蚯蚓无动于衷，第二条不是特别迅速地缩回了洞里，第三、四条感到热而迅速缩回洞里，第五条则退缩得更快。

随后，达尔文又用凸透镜把烛光聚到一层玻璃上，以阻断大部分的热量；比之上面用烧红的铁棍靠近蚯蚓的情形，这种聚光使蚯蚓缩回洞里去的速度更快。可见蚯蚓对低温尤其敏感。遇到霜冻时，蚯蚓一般都躲在洞穴里不出来，也足以说明这一点。

蚯蚓不但看不见而且是听不见

蚯蚓既看不见又听不见，它们对金属哨子吹出的尖锐响声没有任何反应；即便靠近一直吹，它们也不为所动。达尔文还让儿子吹巴松管给他的蚯蚓听，可它们对巴松管厚重高昂的声音也毫不理会。无论你对着它们如何大声地喊叫，蚯蚓都置若罔闻；不过，达尔文说，对着它们喊叫时，要谨防你的呼气触及它们。

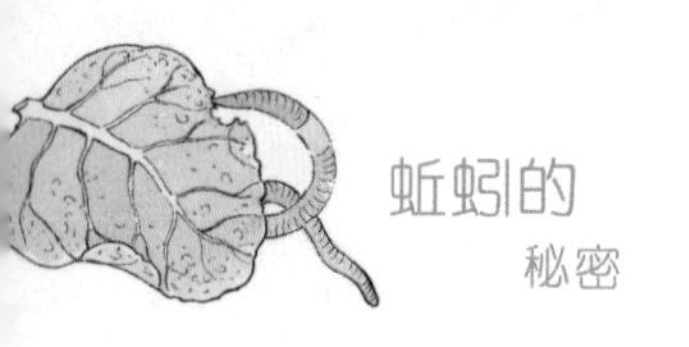

达尔文还把蚯蚓放在钢琴旁边的一个桌子上，然后让妻子艾玛弹钢琴给它们听。同样，无论艾玛多么用力地敲击琴键、发出多大的声响，这些耳聋的“听众”都无动于衷。然后，达尔文又把养有两条蚯蚓的花盆直接放在钢琴上。尽管刚才在桌子上时无动于衷，但这一次当它们听到艾玛弹奏深沉的低音部 C 音符时，瞬间便缩回洞里去了。等过一会儿，它们重新冒出头来，艾玛又

弹奏高音部 C 音符，这时蚯蚓又迅速退了回去。

达尔文在另一个晚上又重复了上述实验：同样把花盆放在钢琴上，当艾玛弹奏一个最高的音符时，一条蚯蚓缩回了洞里；当她弹奏高音部 C 音符时，另一条蚯蚓也缩了回去。在这几次实验过程中，达尔文都确保蚯蚓没有接触到花盆的内壁，而且花盆的底下还垫了盆托子。也就是说，钢琴弦的震动在传递到蚯蚓身体之前，还经过了钢琴琴板、花盆盆托、花盆底部以及里面疏松的湿土；蚯蚓就躺在湿土上，尾巴插在洞穴里。偶尔轻拍花盆或放置花盆的桌子，蚯蚓也有反应，但没有像对钢琴最高音的反应那么敏锐。

蚯蚓对震动和触动均十分敏感

达尔文发现，蚯蚓对任何固体的震动都十分敏感。其实科学家们现在知道，生活在地下的穴居动物，由于它们丧失了视觉功能，一般都对固体震动或是低频率声波特别敏感。达尔文也指出，据说用力敲击地面，或者用其他方式造成地面震动，都会把蚯蚓引出洞穴，可能蚯蚓以为是鼹鼠要来吃它们，所以赶快往外面逃。

达尔文还听一位朋友说过，这位朋友的同伴在草地上打了一排空弹，几分钟后就看到草地上爬出来许多大蚯蚓，快速地在草地上爬来爬去。事实上，有一种鸟，凭借本能会用一只腿用力地敲打地面，造成震动，把蚯蚓从洞穴里引出来，然后把它们吃掉。

达尔文通过小实验还发现，蚯蚓的全身对接触都很敏感，连从嘴里呼出的气流都会驱使蚯蚓迅速地缩回洞内。如果花盆上的玻璃板没盖严实的话，通过缝隙往里吹口气，就会使蚯蚓快速地缩回洞里去。他注意到，蚯蚓爬出洞的时候，通常伸长身体的前端左右摇摆地四处移动，达尔文认为这是脑神经节所在的身体前

端在充当感觉器官。因此，他相信在蚯蚓所有的感官功能中，其触觉包括感知震动，是最为发达和灵敏的。

蚯蚓的嗅觉功能很弱

为了弄清楚蚯蚓的嗅觉功能，达尔文同样设计了一些简易可行、十分有趣的小实验。开始他对着蚯蚓轻轻地呼吸，看它们会不会以为是敌人在靠近而引起警觉，然而蚯蚓没有做出任何反应。接着，他嘴里咀嚼着烟草，再靠近蚯蚓呼吸。他想，如果蚯蚓嗅觉灵敏的话，一定会被这种强烈的气味（对一般人来说，具有刺鼻的气味）熏得做出反应，结果蚯蚓依然没有什么反应。

达尔文还不肯罢休，他又口含着分别浸有几滴什锦香精或醋酸的小棉球，再次对着蚯蚓轻轻地呼吸，它们还是没有反应。后来，他又用钳子夹着用烟草汁、什锦香精与石蜡浸泡过的棉花球，在距离蚯蚓只有六七厘米的地方晃来晃去，还是没有引起蚯蚓的注意。

然而，这仍旧没有动摇达尔文的信心。他想，这也许是因为蚯蚓对这些非自然的气味没有任何先前的感知。因此他决定另辟蹊径。在儿子的帮助下，他们选择用蚯蚓吃过的食物来测验它们

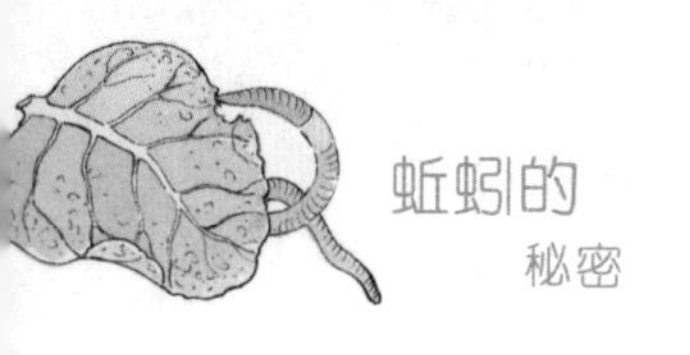

是否能辨别这些食物的气味，如果还是不能的话，那就说明蚯蚓是真的没有嗅觉功能了。

他们先是选择蚯蚓喜欢吃的两种蔬菜：甘蓝和洋葱（洋葱的气味是很强烈的）。他们把碎肉块、半腐的甘蓝叶和洋葱茎埋在花盆土下大约半厘米深处，前后试验了 9 次之多，蚯蚓总是能发现这些食物，并把它们拖走享用。为了确保蚯蚓是循着气味而来的，食物上埋的土不能压得很严实，土要压得松散一点儿，确保气味可以发散出去。

达尔文做事总是要经过深思熟虑，每一个细节都要反复验

证，才会得出结论。他并不满足上面的实验结果，还要进一步验证，以确保实验结论确凿无疑。他有两次把甘蓝叶和洋葱片埋在很细的铁沙下面，轻轻压过之后，又浇了一些水在铁沙上面，这样铁沙层便会更加紧实了。结果，蚯蚓就没有发现这些食物。

于是，他决定用同样的铁沙层埋藏甘蓝叶和洋葱片，但这次在轻压之后，不再往铁沙上面浇水，这样的话，铁沙层就不会那么紧实了。结果，他发现蚯蚓把食物给搬走了！经过这样反复的实验，达尔文认为，蚯蚓确实是具有嗅觉功能的，但并不是很强。不过，它们可以通过嗅觉发现自己喜欢的食物，这可能也表明蚯蚓的嗅觉是有选择性的。

虽然达尔文以前就曾研究过各种动物的行为，不久前还刚出版了《人类与动物的表情》一书，但他对蚯蚓行为的研究，不仅是开创性的，而且是十分独特的。这项工作至今依然堪称动物行为学的经典案例，而且启发现在的研究人员：并不是所有好的实验，都需要精密昂贵的实验仪器和设备，科学家的实验设计才是最重要的。达尔文在这方面无疑是出类拔萃的典范，是值得我们后辈科学家们引为榜样的。

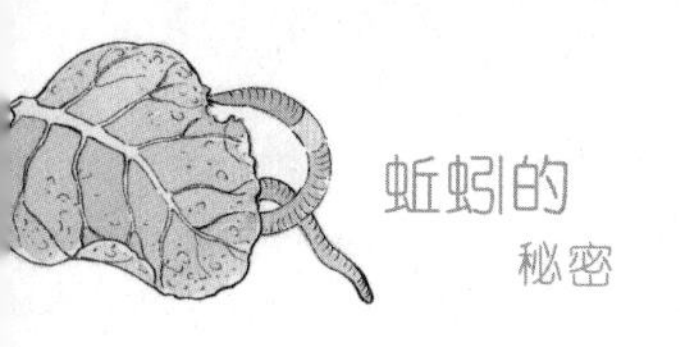

蚯蚓的味觉功能

达尔文指出，假设所有吃东西的动物都有味觉，那么蚯蚓应该也不例外。但是，他认为任何假定和想当然都不足为训，必须通过实验证明才能算数——这就是达尔文一贯奉行的科学精神。他根据以前的实验已经知道蚯蚓喜欢吃甘蓝叶子，然而甘蓝的种类很多，味道也不尽相同；他想知道蚯蚓的味觉究竟有多敏感。

于是，他给蚯蚓投喂两种不同的甘蓝叶子：一种是普通的绿

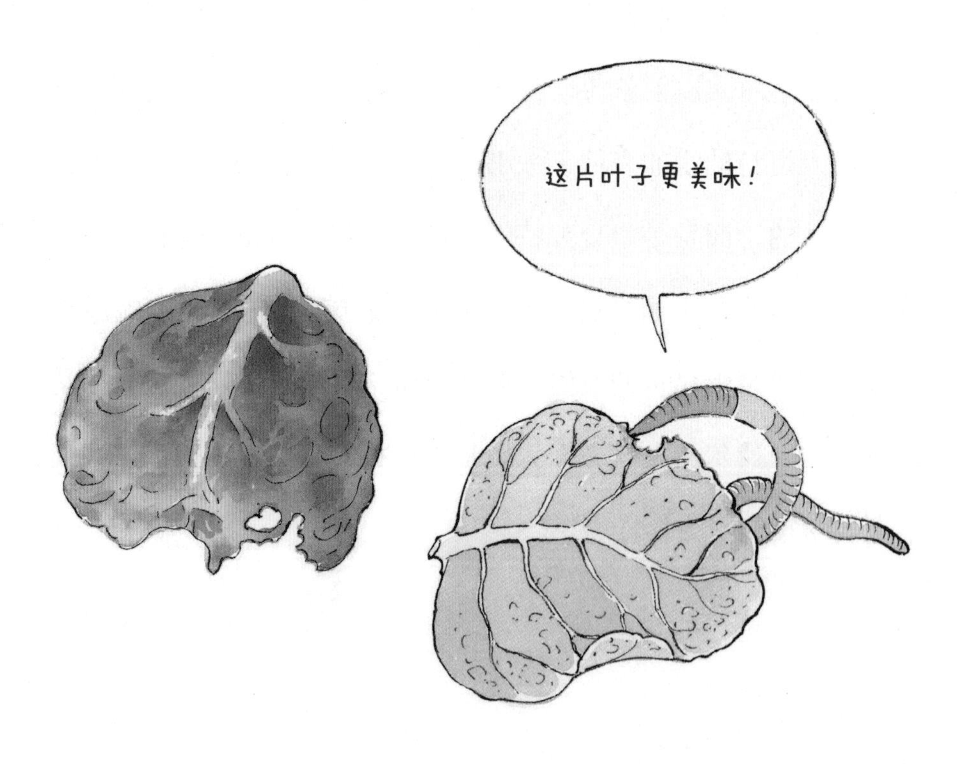

色品种的甘蓝叶，另一种是红色品种的甘蓝叶。结果发现，蚯蚓显然更偏爱绿色品种，而对红色品种不理不睬或浅尝辄止。他反复尝试了 11 次，只有两次它们好像喜欢红色品种。而在半腐烂的红色甘蓝叶与新鲜的绿色甘蓝叶之间，它们似乎没有明显的偏爱。

接着，达尔文把蚯蚓最喜爱的甘蓝、辣根（别名马萝卜）和洋葱叶子放在一起投喂，结果发现三者之间，它们还是最爱洋葱叶子。后来他又把甘蓝、椴树、蛇葡萄和芹菜的叶子放在一起投喂，却发现它们最先吃的是芹菜叶子。达尔文仍然不肯罢休，他再把甘蓝、甜菜、萝卜、芹菜、野樱桃和胡萝卜的叶子放在一起投喂，发现蚯蚓的至爱原来竟是胡萝卜叶子！

不仅如此，达尔文还把甘蓝、辣根和萝卜叶子放在花盆里长达 22 天，其后发现所有的叶子都被蚯蚓品尝（咬食）过了；而在此期间掺入的艾叶和三种烹调香料（香鼠尾草、百里香和薄荷）的叶子，除了薄荷叶子留下被咬过几口的痕迹之外，其他叶子蚯蚓连碰都没碰过。据达尔文称，后四种叶子与前几种叶子的气味同样强烈，叶片组织也大同小异；蚯蚓对这两类叶子表现出的不同喜好，足以说明这可能是由于叶子本身的味道不同而引起的，因此显示出蚯蚓的味觉还是相当灵敏的。

蚯蚓的食谱

蚯蚓既是食腐动物，也是杂食动物。它们的食谱是相当宽泛的，为此，达尔文也做了很多不同的实验。首先，它们食土，从中吸取可消化的有机质以及矿物质养分。蚯蚓吃各种半腐烂的叶子，这就是它们辛勤地搬运地面上的落叶的原因所在；但不包括一些不合它们胃口和过于粗糙的种类，比如叶子的柄茎、花梗和腐烂的花朵等。当然，蚯蚓也吞食新鲜叶子。另据文献记载，蚯蚓还吃砂糖和甘草屑。达尔文养的蚯蚓还会把许多干淀粉拖回洞穴里，他发现有的淀粉块的棱角边缘被蚯蚓舔舐后变得圆滑。不

过，他并不认为蚯蚓是把淀粉当作食物的。这是因为英国有许多白垩岩层，土壤中含有不少白垩微粒，蚯蚓曾把松软的白垩微粒拖入洞中，而干淀粉与白垩微粒颇为相似，也许蚯蚓把两者混淆了。

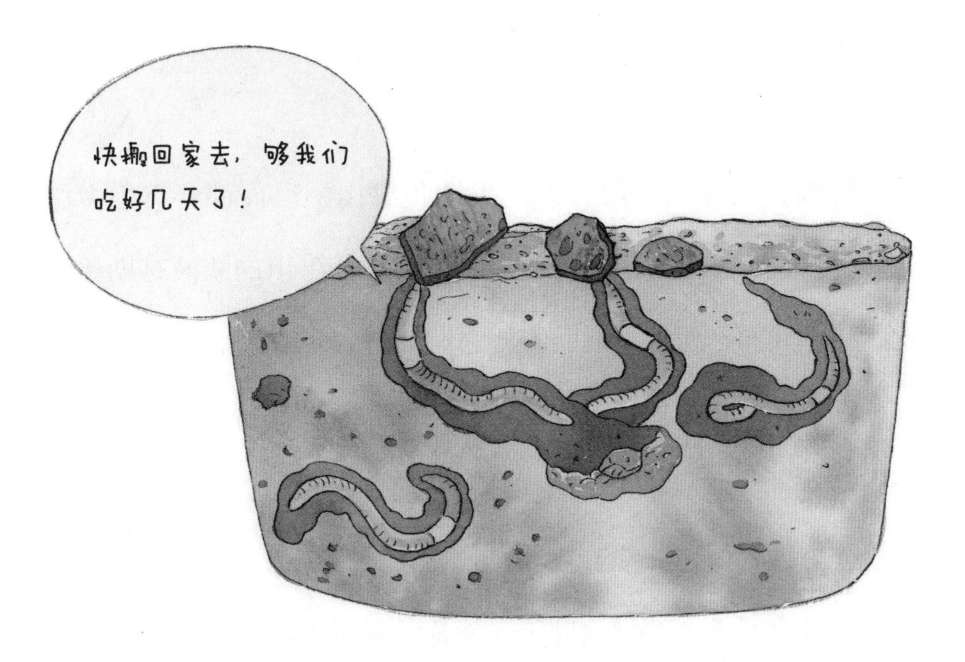

因为蚯蚓是食腐动物，达尔文还好奇地检验了一下，在腐肉与新鲜肉之间，它们是否更加偏爱腐肉。他用长别针分别把新鲜的生肉片和腐肉片固定在花盆里土壤的表面，之后发现：连续几个晚上蚯蚓都去使劲儿拖曳这些肉片，并吃掉了肉片的边缘。与腐肉片和其他几种食物相比，它们似乎更喜欢吃生肉片。达尔文还发现，蚯蚓也吃自己的同类。他曾将一条死蚯蚓分成两半，分别放在不同的花盆里，结果发现，它们都被盆里的蚯蚓拖回了洞

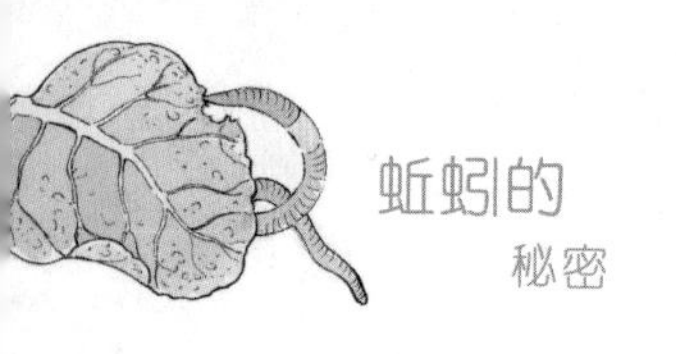

中，并被咬食过。此外，相对于腐肉片，蚯蚓更喜欢吃新鲜的生肉片，这个实验结果，跟它们食腐的名声并不那么相符。

蚯蚓的消化功能

蚯蚓喜欢吃肉，但无论鲜肉还是腐肉，里面都含有很多脂肪。一般高等动物都有胰脏（腺），胰脏分泌出的胰液有助于乳化脂肪。然而，蚯蚓没有胰腺，它们又是如何消化脂肪的呢？

达尔文引述以前科学家们的研究结果，发现蚯蚓分泌的消化液中同样含有肽酶、糖化酶和胰蛋白酶，不仅能够乳化脂肪，还能够分解纤维蛋白并能将淀粉迅速转化为葡萄糖。因而，蚯蚓吃肉、吃富含纤维素的植物叶子（无论是新鲜的蔬菜叶子还是半腐烂的落叶等）以及舔舐淀粉块，有了这种消化液，消化它们都不成问题了。

达尔文还反复观察到蚯蚓吃植物叶子的一种奇特现象：它们通常把新鲜的叶子或半腐烂的叶子拖进洞穴下面数厘米的深处，先用分泌出的消化液浸润这些叶片。据推断，消化液可以加速叶子的腐烂，有助于食用后的消化过程，这就好像先对食物进行一番加工处理似的。

为此，达尔文又特别做了实验观察，他发现：在蔬菜或植物叶子还是新鲜或半新鲜的时候，比如芹菜、萝卜、甘蓝或槭树、椴树的叶子，被蚯蚓拖进洞穴、用消化液浸润，一般在12个小时之后，就会全部由绿色变成深褐色；叶片中所含的叶绿素细胞几乎完全失去了绿色，只剩下了褐色的物质。他还发现，如果在这些绿叶上啐上人的唾液，其结果也是一样的，而且变色的速度还没有蚯蚓的消化液来得快呢！

达尔文还特地选择了质地坚硬的常春藤大叶子来做实验，发现：这种大叶子坚硬得令蚯蚓难以咀嚼，却在4天之后被它们的消化液用一种特殊的方式慢慢地分解了。

尽管人体的唾液也能加速叶子变色的过程，但是达尔文发现它与蚯蚓的消化液还是不同的。通过测试，他发现蚯蚓用于浸润叶子的消化液呈碱性，可以作用于植物叶片细胞内的淀粉粒和原生质内含物；在功能上更接近于人体的胰液。蚯蚓的消化液来自肠内，由于被拖入洞穴里的叶子大多都已枯萎，蚯蚓必须先用消化液将它们浸润并软化；即使是新鲜的叶子，它们也这么干，大概是“习惯成自然”吧。

显然，蚯蚓所吃的叶子在进入消化道之前，就已经被部分地分解（消化）了，这种在消化道外部分消化的例子，在动物界并不常见，很可能是蚯蚓一种特别的生存适应性。

蚯蚓所吃的叶子在腐烂以及消化过程中，均会产生大量的各种酸类（即腐殖酸）。达尔文用石蕊试纸检测显示，蚯蚓消化道里的物质呈明显酸性。而且这不可能是消化液的酸性——蚯蚓吐出浸润叶子的分泌液，经检测是碱性（胰液也是碱性）。不仅如此，蚯蚓的排泄物（蚯蚓粪）一般也呈酸性。那么，蚯蚓又是怎样去尽力维持体内的酸碱度适中或平衡呢？

蚯蚓体内生有特殊的钙质腺

蚯蚓的消化系统具有特殊的钙质腺体，称作钙质腺。这种腺体向食道里排放出碳酸钙，将蚯蚓食物中获取的多余钙以及新陈代谢产生的二氧化碳清除掉。如果把蚯蚓的钙质腺去除，并将它们放在二氧化碳水平较高的地方（比如蚯蚓的洞穴里）的话，那么蚯蚓的体液便会呈现酸性且富含钙。

钙质腺体生于食道前端咽部的内壁上，根据蚯蚓品种的不同，通常有 1 ～ 3 对不等。它们可能是与食道腔分离的，但总是通过小管与其联系起来。在一些品种蚯蚓体内，钙质腺在通入砂囊前先通入消化道；而在另一些品种的蚯蚓体内，它们在通入砂

囊之后才通入消化道。钙质腺体周围富含血管组织，以钙质晶体的方式（达尔文在书中称之为“碳酸钙凝结体”）向食道内分泌出碳酸钙。钙质腺通过这种方式来控制血液中钙离子和碳离子的水平，以调节血液的酸碱度。

钙质腺的主要功能是排泄，其次是帮助消化。蚯蚓吃掉大量的落叶，叶子在脱离植物母体前会持续积累钙质，因为钙质不像其他有机质或无机质那样容易被根或茎吸收。比如，金合欢树叶烧后的灰烬中，钙质高达 72%。因此，除非蚯蚓具有专门的排泄器官，否则它们无法处理腹中那么多的钙质土。尤其是在白垩岩层之上的腐殖土中，蚯蚓肠子里充满了钙质泥，连蚯蚓粪也几乎都是白色的。

此外，钙质腺排泄出来的这些碳酸钙，恰好又与蚯蚓消化道里的腐殖酸发生中和反应；更为奇妙的是，钙质腺排泄出来的碳酸钙晶体，还能像磨石一样帮助磨碎食物，起到为砂囊“补漏”的作用。生物生理机能的奇妙，真是妙不可言！

了不起的实验动物学大师

至此为止，我们已经介绍了 100 多年前达尔文是如何研究蚯

蚓的各种感官功能以及它们的食性和消化功能的。他设计的形形色色的实验方法，是典型“达尔文式”的，这类科学实验活动贯穿了他整个学术生涯。即使在今天，大家也不得不承认，他的这些实验设计是多么简单易行、机巧有趣且行之有效。若是称他为超越时代的实验动物学大师，一点儿也不夸张。

毫无疑问，他在这些研究工作中享受了莫大的乐趣，他对蚯蚓以及此前所有的动植物研究对象都充满了感情；尽管不少实验

其实是十分琐碎乃至于辛苦的——尤其是对垂垂老矣、身体又不太好的达尔文来说，更是如此。以至于到了最后的日子里，他实在无力亲自到院子里“工作”了，只好请爱子弗兰西斯帮他一些忙。达尔文在科研活动上，真正做到了“鞠躬尽瘁，死而后已”。

正如一位达尔文传记的作者形容的那样：此时的达尔文与他深爱的大自然已经融为一体，他在晚年研究蚯蚓习性，其实已成了他的“日常乐趣”。他已不再是年轻时云游四海的“大侠”，而是足不出户的老人，成了在自家房前屋后的草地上和花园里，手握着一把铁锹或铲子的“园丁（花匠）”。

当然，他依旧是一位“壮心不已”的老生物学家，还在用极大的热忱和一丝不苟的审慎，来研究他身边的生态环境和动植物。倘若你们读到这里就以为达尔文的实验方法和严谨治学态度已达到了极致的话，那就大错特错了！他为了研究蚯蚓的智能特征和智力水平所做的各种实验，才真令人佩服得五体投地……

第五章

蚯蚓如何拖曳物体？

蚯蚓的智能特征

在一般人的印象中，蚯蚓是既看不见又听不见，生性胆怯，滑不溜丢，甚至令人生厌的低等动物，根本谈不上具有任何程度的智力或智能。达尔文经过长期的观察和研究，却并不这么认为。他指出，从它们对某些食物有明显偏好这一点来看，蚯蚓一定具有享受“美食”的愉悦。交配时，蚯蚓也能够克服对光线的恐惧。它们或许还有一丝的“抱团观念”，并不在乎相互在身体上爬来爬去，有时候它们干脆就紧贴着躺在一起。另据文献记载，蚯蚓过冬时，一般待在洞穴底部，或独自或跟其他蚯蚓一起蜷作一团。

蚯蚓的感官虽有诸多缺陷，但这未必就能排除它们具备一定程度的智力。比如，当蚯蚓特别关注某一物体的时候，它们同时

会忽略本该注意到的另外一些物体；而注意力则显示出某种智力的存在。此外，在某些情形下蚯蚓显得比其他时候更加激动。蚯蚓能够出自本能地完成一些行为。换句话说，所有的蚯蚓（包括幼年个体在内）能够以几近一致的方式完成一些行为——而不是随机、无序的。比如，环毛蚯蚓会把自己的粪便堆积成塔形；普通蚯蚓会在洞穴里平平地铺上一层土和细小的石子，并在洞口处塞上一些树叶。

蚯蚓最强的本能便是搜集各种物体堵住它们的洞穴口，包括最年幼的蚯蚓也都会这么干。这一行为确实表现出它们具有一定程度的智力——这一结果令达尔文惊奇不已，使他不得不对蚯蚓刮目相看。为了进一步验证这一点，达尔文又设计了更多令人叹为观止的实验手段……

蚯蚓攫取物体的方式

蚯蚓在夜晚时分，就会往洞穴里搬运树叶、叶柄、松针以及其他一些小型植物落叶，留作白天去堵塞洞穴的出口。这样做至少有四个好处：1. 阻挡外面的水流入，以免淹没洞穴；2. 作为覆盖物掩蔽并堵塞入口，以防鸟类等捕食者窥见它们；3. 具有保温

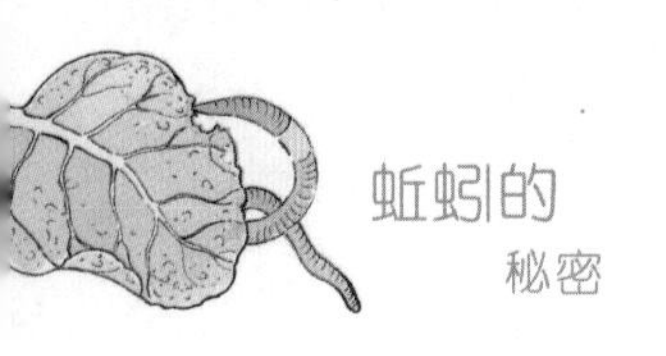

隔热的屏障作用；4. 一部分植物叶子堆在那里充当“存粮”，可供食用。达尔文发现这是蚯蚓最强大的本能之一。攫取植物叶子（及其他物体）既可以当作食物，也可以用来堵塞洞穴口。为此，它们干得既卖力又花样繁多。

达尔文先是在家中的花盆里实验并仔细观察，他把叶子埋在花盆的土里，到了晚上，蚯蚓就出来使劲地把叶子往洞里拖曳。如果是嫩叶子，蚯蚓会把叶子咬碎并吮吸叶汁。它们搬运叶子的方式也很有意思，蚯蚓通常用嘴咬住叶子薄薄的边缘、衔在突出的双唇之间，同时用其粗壮的咽部由体腔内向前推进，借此支撑住上唇。另外，他发现蚯蚓拖曳叶子靠的也是吮吸力，因为它们

没有牙齿，口部也是由柔软的组织所组成的。

俗话说："蚂蚁虽小，力能搬山。"蚯蚓往洞里拖曳叶子也是靠"众人拾柴火焰高"的集体力量。据达尔文的一位朋友说，他家的小花园里有一棵落了很多叶子的树，在一个寂静的夜晚，这棵树下传来一种奇怪的沙沙声。他提上灯前去查看，发现很多蚯蚓正在往洞里拖曳、搬运落叶，而且使劲地往洞里硬塞，因而发出沙沙的响声。这大概就是唐代诗人顾况所说的"夜夜空阶响，唯余蚯蚓吟"吧？蚯蚓自身是不能发声的，它们夜间搬运活动所发出的这种沙沙的响声，在诗人的笔下便成了一种吟唱。

当附近找不到足够的树叶、柄茎和细枝来堵塞洞口的时候，蚯蚓也会搬来一些小石子作替代物。这纯粹出于保护的目的，与储存食物无关。也曾有人十分好奇蚯蚓的这一习性，便故意把几个蚯蚓洞口的小石子堆移走，并把洞口周围打扫干净；次日夜间她打着灯笼出来观察，却发现蚯蚓正用嘴巴往洞里拖曳小石子！它们显然还是靠嘴巴的吮吸力，而且力气还不小，有两个洞口的石子已积累 30 多个。

达尔文也做了个小实验：他发现蚯蚓洞口最大的一颗小石子重达 57 克，而且是从洞旁边一条碎石道的另一侧搬运过来的，可见蚯蚓的力气之大。他还注意到，它们的力气大到居然可以拖

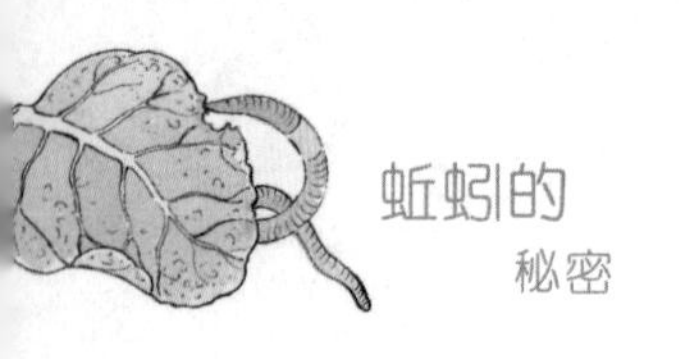

曳出碎石道上被踩得很结实的小石子；他把旁边蚯蚓洞口的小石子拿到碎石道上的凹坑里试了一下，竟然可以“严丝合缝”！由此说明这颗小石子就是从那个凹坑里搬出来的。

蚯蚓搬运物体入洞的活儿一般都是在晚间进行的，偶尔在白天也可以看到蚯蚓往洞里拖曳东西。不管怎样，蚯蚓都要确保洞口在白天不能敞开，必须用树叶或石子封住；但是在晚间，它们又将洞口敞开，而且几乎总是如此。然而，树叶的形状和大小并不总是那么容易就能顺利通过洞口。那么，蚯蚓如何克服这一困难？达尔文认为，这将足以反映出它们是否具有一定的智力水平。

蚯蚓封塞洞口所表现出来的智能

你们还记得“扛竹竿进城”这个寓言故事吧。有一个鲁国人扛着一根很长的竹竿进城去卖。当他走到城门口时，一时竟不知所措。他手拿竹竿对着城门横竖比画了一阵子，忽然发现这很难办啊：把竹竿竖起来拿着走，竹竿高出城门一大截；把竹竿横着，竹竿又比城门宽出来一大截。他这样横竖比画了大半天，也没想出什么好办法来……

达尔文是否听说过这个中国寓言故事我们不得而知，但是他

显然知道：蚯蚓在拖曳那些叶子进入洞穴的时候，肯定也会面临类似的问题。如果我们能够搞清楚它们是如何做出选择的，那么它们是否具备一定的智力与智能，这个问题的答案也就显而易见了。

达尔文在书中这样写道："如果有人要用树叶、叶柄或细枝条来堵塞一个圆柱形小洞的话，那么他会拖曳或推动它们的尖端先进去；若是这些物体比洞口小得多，他大概会把它们较粗或较宽的那一头先塞入洞口。他这么做显然是源于智力的导向。因此，蚯蚓究竟如何将树叶等拖入洞穴，便值得细心观察了：是衔着树叶的尖端、基部还是中部？"

达尔文一如既往地认真、细致并全面地观察蚯蚓往洞里搬运树叶、叶柄或细枝条的方式，并仔细记录下来，他要确保所有的观察和记录都准确无误。设想一位年近70岁的老人在阴冷的清晨，趴在地上，下巴贴近潮湿的土壤，一手还拿着笔记本，从好几处蚯蚓的洞穴里拽出来227片枯萎的树叶（大多属于英国土著植物）——不是10片20片，而是227片！

在这227片枯萎的树叶中，经过仔细的观察和分析，达尔文发现，其中181片树叶（约占总数的80%）是通过叶子的尖端或靠近尖端的部位被拖入洞穴的——它们的叶柄几乎笔直地向洞口外突出；26片树叶（约占总数的11%）是靠近其中部被拖曳进洞的；20片树叶（约占总数的9%）是经由叶基或叶柄被拽入洞口的。这足以说时，蚯蚓并非是随机把这些物体拖曳进洞穴的，而是一种有选择的行为方式。

和很多博物学家一样，达尔文不仅关心拥有壮丽美景的大自然，也十分关注自然界中万物运作的微小细节。达尔文是设计别出心裁的小发明、小实验的能手，他试图通过这些小实验揭开大自然这部巨型机器内的各种小零件运作的秘密。这位老科学家并不满足于前面对227片枯萎树叶的分析，又进一步鼓捣松树的针叶，看蚯蚓又是如何拖曳这类身上“长刺”的植物叶子进入洞

穴的。

这些松叶是由两根针叶组成，底端连接在一个共同的叶基上，构成V字形，而且松针叶的尖端像刺一样锋利。蚯蚓若是不衔着松针叶的基部，是没有办法将其拖曳入洞穴深处的。由于蚯蚓无法同时咬住两根针叶的尖端，倘若单咬其中一根松针的尖端，那么另一根松针必然会被倒卡在洞口而无法进入。因此，蚯蚓必须咬住松针叶的基部，方能完成任务。但这是蚯蚓出于本能，还是出于有意识的选择呢？

为了检验蚯蚓们这样做究竟是否出于某种有意识的选择，达尔文在儿子弗兰西斯的帮助下，把大量V字形松针叶的尖端用溶于酒精的紫胶黏结起来，并且把这些处理过的松针叶放置在一边好几天，确保它们没有任何经过上述处理所留下来的气味。然后，他们把这些松针叶撒在并无松树生长的地面上，靠近堵塞物已被撤去的蚯蚓洞穴口。经过这样处理的松针叶，已经破坏了其原先的V形结构，无论蚯蚓咬住哪一头，均可以轻松地将它们拖入洞穴内。

然而，达尔文发现：被拖入洞穴里的121根尖端被粘在一起的松针叶中，108根（约占总数的89%）是被拽住叶基拖入洞穴里的；只有13根（约占总数的11%）是经由针叶尖端被拖入洞穴里的。达尔文仍然不放心，他还是怕是紫胶的残留气味所致（尽管他前面已经考虑过这一点），于是他又另辟蹊径，换了一种方法。

达尔文用细线把松针叶的两支针叶尖端缠在一起再试。结果在被拖入洞里的150根松针叶中，123根（占总数的82%）是经由叶基被拖入洞穴里的，只有27根（占总数的18%）是经由针叶尖端被拖入洞穴里的。最后，他又把用胶粘在一起与用线缠在一起的两类经过处理的松针叶混合在一起，重新试了一遍，结果是经由叶基被拖入洞穴里的占85%，而通过咬住针叶尖端被拖入洞穴里的只占15%。至此，他得出的结论是：松针叶基部一定存在着什么特殊的东西，使蚯蚓“有意识”地选择它。除了松针叶，他还选择了白蜡树与刺槐的树叶叶柄做了实验，结果也是绝大多数都是经由叶柄基部被拖入洞穴的。

用纸做的三角形再试

在法律上有一个举证的标准，叫作“超越合理范围的怀疑”或称“排除合理怀疑”。意思是说，法律上的举证必须要达到无可置疑的程度。按说达尔文的上述一系列实验，在科学上也算是达到了“超越合理范围的怀疑”的程度了。但一向治学极为严谨

的他，还是不肯善罢甘休。他又设计了一个新的实验，来进一步检验自己的结论。为了检测蚯蚓是否具有智力，他最终又用纸剪了很多不规则的三角形，放在它们的洞穴附近，进一步观察和记录蚯蚓是如何把这些不同形状的纸三角拖入洞穴里的：有多少是纸三角的尖端被衔着，又有多少是其中间或底边被衔着拖入洞穴里的。

达尔文使用软硬适度的写字纸，剪了 303 个大小不同、形状各异的长三角形。这些纸三角的两边均为 7.62 厘米长，而底边则长短不同，其中 120 个纸三角的底边长 2.54 厘米，余下 183 个纸三角的底边长 1.27 厘米。显然，后面这些纸三角比前面那些要显得又窄又尖。为了防止它们被夜晚的露水打湿而变软或产生皱褶，达尔文还在纸三角的正反两面都涂上了防水的油脂。

为了与蚯蚓的实际拖曳情形做对比，他自己先用镊子和跟蚯蚓洞直径相同的短管做了一些参照实验，并记录下来结果留作将来观察记录的参照系。他先用镊子夹住纸三角的顶端，纸三角会被笔直地拖曳进短管中，只是其边缘会往里卷曲。然后，他用镊子夹住距离纸三角的尖顶约 1.27 厘米处，在拖曳进短管的过程中，纸三角就会在短管内对折起来。

接着，达尔文再用镊子夹住纸三角的底边或底角，往短管

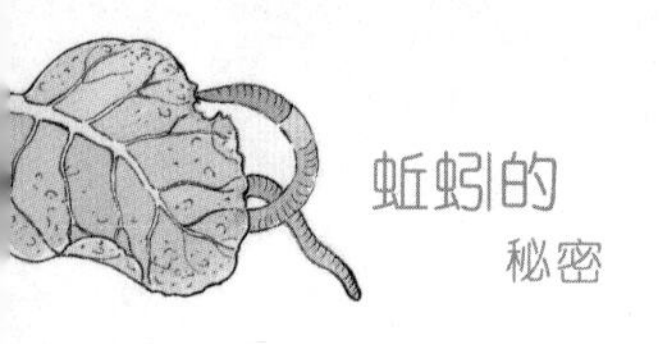

内拖曳，结果也发生了纸三角在短管内对折起来的情形，而且往里拖曳所遇到的阻力更大。最后，他用镊子夹住纸三角的中间点附近，纸三角不仅会折叠起来，而且其顶端和基部都伸出短管外面。

在把自己当成蚯蚓先试验了一番之后，达尔文便把那303个纸三角撒在蚯蚓洞附近的地面上，并清理出蚯蚓洞口先前的堵塞物，进入“实战演习”状态。尽管这些纸三角与以前的树叶、叶柄和其他物体品质不同，蚯蚓拖曳的结果显示：它们咬衔纸三角顶部拖曳入洞的占62%，咬衔纸三角中部拖曳入洞的占15%，咬衔纸三角基部拖曳入洞的占23%。可见，蚯蚓拖曳纸三角进洞的方式并非随机。

此外，根据他在家中花盆里的实验观察，达尔文发现：蚯蚓拖曳纸三角进洞的方式其实是颇费“心思”的。它们显然表现出“试错”的过程：有时候蚯蚓拖曳错了部位，结果进入洞穴时遇到了困难，甚至失败了，它们会换其他部位再试。达尔文曾在花盆里看到蚯蚓把纸三角拖来拽去，之后又把它们丢弃了，因而，他产生了这种想法：看来蚯蚓也是撞到南墙便回头的！这不正是“学习”的过程吗？

因此，达尔文指出：我们由此可以推断，虽然这一推断听起

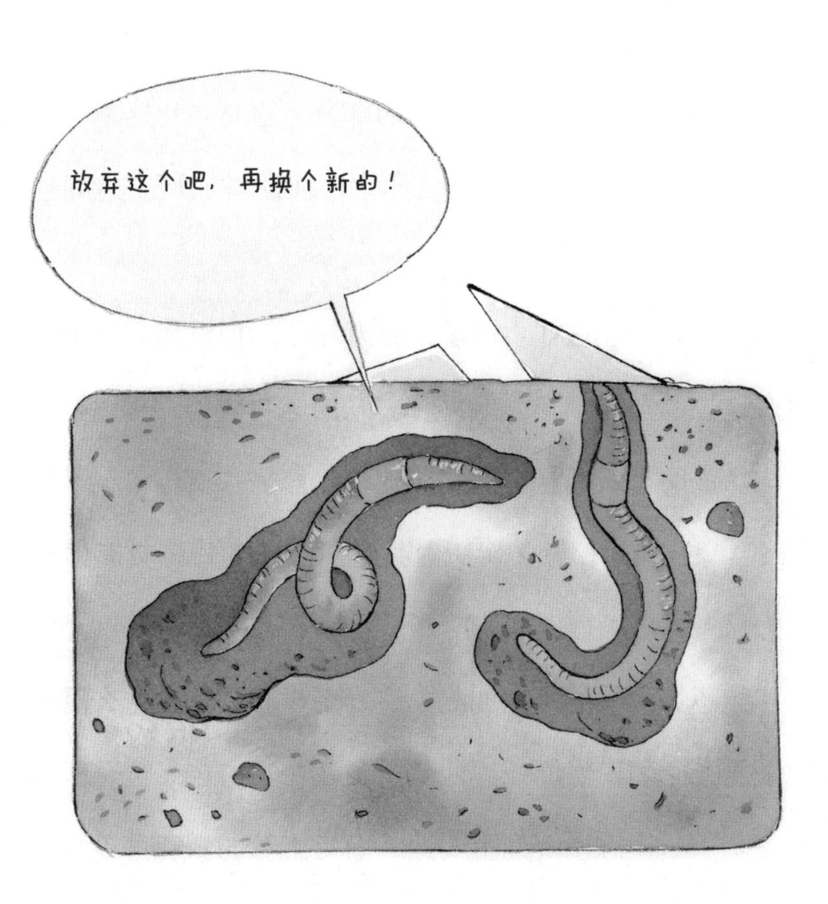

来令人难以置信，蚯蚓能够凭借某种方式判定去拖曳纸三角的哪一个部分才更容易将其拖入洞穴里。换言之，他认为蚯蚓在拖曳物体、堵塞洞穴的方式上，已具备某种“学习”和“判断”的能力，因而无疑也具备一定程度的智能与智力。

达尔文超人的洞察力

达尔文对蚯蚓拖曳物体、堵塞洞穴的方式的研究，很可能

是《蚯蚓的秘密》里最令人惊奇的部分，也是当年这本书受到大众欢迎的主要因素——人们读后恍然大悟：哇，原来蚯蚓这么聪明！

虽然蚯蚓已经这样生活了千百万年了，但没想到终于等到了达尔文这位“知音”——他具有非凡的聪明才智，并用严谨的科学方法，证明了蚯蚓这么做并非随机，而是“通过实践习得的本事”！当《蚯蚓的秘密》出版时，达尔文关于蚯蚓具有某种程度的智力这一论断，着实是十分新颖的。在那之前，没有任何科学家对“貌不惊人”的蚯蚓如此关注，更没有发表过这么厚的专著专门来研究它们。然而，即便是达尔文在当时也无法全面领会蚯蚓对整个土壤生态系统的重要性，因为土壤的微观世界与生态系统的宏观世界之间以及蚯蚓与地球上其他生物之间的关系，在那时候还是一张白纸，根本无人了解。

达尔文最不寻常的能力之一，是能够准确地审时度势，当某个科学问题受到当时科学知识或手段所限而难以解决的时候，他知道如何处理。比如，他知道在自己有生之年，探索生命起源问题无论在知识积累还是在技术手段上，都极难取得实质性的进展。因此，他在《物种起源》里只字不提生命起源问题。他在临终前给一位同事的信中坦承：“您十分正确地表达了我的观点，即

在目前的知识水平上讨论生命起源问题是徒劳的。因而我故意避免了提及这一问题。”

同样，在写作《蚯蚓的秘密》时，由于科学家们理解土壤中微生物、植物与蚯蚓之间极为复杂的关系的技术手段还得等几十年后才有可能出现，达尔文对蚯蚓在土壤中的重要作用，也只能做一些定性而不是定量的研究。事实证明，他当时的研究已经充分展示了他在科研上深刻的洞察力与超越时代的前瞻性。

第六章
蚯蚓的洞穴

蚯蚓打洞的方式

蚯蚓打洞一般分为两种方式。一种方式是用头部尖细的前端在土里见缝插针地往前“拱”，头部插入土中的缝隙里之后，蚯蚓的咽头被推向身体的前端致使其膨胀开来，这样就可以把四周的土向外侧推开。这实际上是把头部前端当楔子使用，不过这对松散的土壤比较适合。如果遇到比较紧密和板实的土壤，那就很

费力了。

为此达尔文也在花盆里做了实验：把一条蚯蚓放在花盆里松散的腐殖土上，2 ～ 3 分钟后，它就消失在土壤中了。然后，他把土稍微压实一点儿，蚯蚓便要花 5 倍以上的时间才能钻进去。接着他在土里混入一些细沙子并再压紧一些，这下子蚯蚓得花更长的时间才能钻进去。最后，他干脆把花盆里的土全部换成了细铁沙，经过充分压实之后再浇上水，这样一来，蚯蚓花了一天一夜的时间，费了九牛二虎之力才勉强钻进去。而且达尔文发现：蚯蚓之所以能做到这一点，完全是靠吞食铁沙。在蚯蚓全身消失在土中之前，他看到它从肛门里排出来许多沙便，其后整整一天里，蚯蚓从洞穴里还不断地排出这种沙便。可见光凭咽头的压力驱使身体向前推进的方式是非常困难的。

蚯蚓打洞的另一种方式是通过吞吃土来实现的。我们在本书开头已经提到过蚯蚓以吃土为生，然而它们之所以吃土，获取养分只是“副产品”，主要目的还是打洞。就像前面达尔文的实验揭示的那样，蚯蚓吃了铁沙然后又排泄出来，在这一过程中，其实它们并没有从铁沙中获取任何有机质养料。

尽管蚯蚓在吞土的过程中，尤其是在土壤比较肥沃，里面含有许多腐烂的动植物遗体组织及其他微生物的地方，确实也能从

中获取不少的养料，然而，达尔文通过一系列实验表明，这不是它们吃土的主要目的。

达尔文发现，蚯蚓钻进一堆半米多厚的红色沙堆里，这堆沙子已经在地表堆积两年多了。蚯蚓粪可分为两部分：一部分是微红色细沙，应该来自红色沙堆；另一部分来自沙堆底部的黑土。这堆红沙是从相当深的地层中挖掘出来的，非常贫瘠，堆在地面两年却寸草不生，这说明红沙中没有任何养分，蚯蚓吞食它显然不是觅食而是为了向下打洞。

另一个例子就是在达尔文家附近的田地里，蚯蚓粪的成分一般为纯白垩土（白垩岩层风化后形成的），因为地表下很浅处就是白垩岩层。白垩岩层中没有什么营养物质，蚯蚓吞吃白垩土也只

是为了打洞。因此，达尔文认为：无论什么时候，蚯蚓若要在未经松动的、坚实的土地中钻出深达一米以上的洞穴，光靠头部推进肯定是不行的，它们必须靠吞食土壤的方式来开路。这也就是为什么蚯蚓要把大量的蚯蚓粪搬运到地表的原因所在，很难想象挖地道的人不把土用箩筐运送出地面。我们会在清晨的草坪上看到大量新鲜的蚯蚓粪，就是因为蚯蚓夜间一直在地下勤劳地打洞！

蚯蚓洞有多深？

蚯蚓的住处一般都靠近地表，但是在久旱或严寒的地方或时节，它们也会打很深的洞。比如，在斯堪的纳维亚半岛与苏格兰，蚯蚓的洞穴一般深 2 米多；在德国北部，蚯蚓洞穴的深度也有 2 米左右；而在英国，达尔文也经常在 1 米多深的地底下发现蚯蚓的踪迹。

蚯蚓的洞穴或者是垂直的，像矿井中的竖井一样。一般来说，大多会略微倾斜一点儿。在蚯蚓的洞穴通往较深的地方，其末端会有一个小的扩大部分或小腔室，就好比矿井里面采矿的“掌子面”；尤其是在寒冬季节，一条或数条蚯蚓蜷成一团在此处过冬。蚯蚓会在洞穴底部铺上一层细石子或植物种子——它们为什么会这样做呢？据达尔文推测，可能是为了避免皮肤直接跟冰冷的泥土紧密接触，一是怕冷；二是由于它们是通过皮肤呼吸的，铺上一层细石子或植物种子，比较容易透气。

前面已经讲过，在洞穴的上方（尤其是洞口处），蚯蚓则用各种叶子和其他物体将其封塞住，这样既能防水、防寒，也能防止被天敌发现。无论出于打洞或是食用的目的，蚯蚓在吞食泥土后，都要以粪便的形式排泄出来；它们不仅会跑到洞穴外的地面上去排泄，也会在在洞穴内凹陷的小坑里排泄，并在小坑里堆积一些蚯蚓粪，结果也就把这些小坑填充起来了。在新翻开的泥土中或是植物枝条堆积起来的地方打洞时，它们也是这样随处排泄和堆积粪便的，并非总是要把粪便排在地面上。

此外，蚯蚓也经常会将老的洞穴作为它们堆积粪便的地方，而且随着时间的推移，老的洞穴也会坍塌。如果老的洞穴不坍塌，而且里面不堆积蚯蚓粪的话，那么地下就会密密麻麻地留下无数中空的、毫无支撑的窟窿了。

蚯蚓粪便有多少？

《蚯蚓的秘密》的主题之一是蚯蚓能排多少土（粪便）。达尔

文在他家附近的田地里采集到6个大蚯蚓粪堆，平均每个有16立方厘米。他家附近有几种蚯蚓也是巴西的常见品种，一个巴西朋友告诉他：在巴西森林和牧场的大部分地区，深达25厘米的所有土壤好像都反复经过了蚯蚓肠道好多次，尽管在地表上很少看到蚯蚓粪的堆积。

达尔文从世界各地朋友们的来信中得知，蚯蚓在世界范围内是多么常见和数量众多，而且它们的粪便或者通过各自肠道的细土量又是何等巨大和惊人。这些都说明，在世界上大部分地区，在截然不同的气候条件下，众多蚯蚓把大量的细土以粪便的形式带到地表上来，从而大大地改变了土壤结构以及地貌形态，体现了蚯蚓“愚公移山”般的伟大力量。

于是，达尔文试图估算蚯蚓从地表下面把细土搬运上来后，又被风雨铺展开来的细土量。他认为，这些细土量也许可以通过两种方式来进行估算。第一种也是比较常用的方式是，根据遗留在地表的物体被埋没的速率。第二种方式是，精确测量和计算在某一地区范围以及在某个给定时间内，被蚯蚓运上来的细土总量。

如前所述，遗留在地表的小物体被埋没的现象，本来就是达尔文舅舅最早注意到并告诉他的，也是达尔文撰写并发表《论腐

殖土的形成》一文的动因。他在本书中还讨论了留置在地表的大石块缓慢沉陷的现象，同样是蚯蚓搬空了地表下的土造成的。达尔文试图估算大石块沉陷的速率，也就是遗留在地表的物体被埋没的速率（即第一种估算方式）。

达尔文的第二种估算方式，当然要取决于“某一地区范围”（比如一英亩地里）有多少条蚯蚓；蚯蚓越多，在某个给定时间内被它们运上来的细土量也自然就越大，这一点是显而易见的。但要想知道一英亩地里究竟有多少条蚯蚓，又谈何容易！达尔文在书中引述了一个朋友的估算——5 万多条。当时有人觉得这个数字被夸大了，然而，现在的研究表明，5 万多条这一数字被大大地低估了，一英亩地里至少有 100 万条蚯蚓！

达尔文还选择了一小块土地，把 1870 年 10 月 9 日到 1871 年 10 月 14 日期间，土地上所有的蚯蚓粪堆采集起来，去掉 1870 年 10 月 9 日之前遗留下来的旧的粪堆，并把采集后的蚯蚓粪放在火上烤干，然后称了它们的重量，按照一英亩面积的比例计算之后，得出每年每英亩蚯蚓可以排出 7 ～ 56 吨干土。而现在科学家对尼罗河谷的蚯蚓搬运细土量的计算结果显示，达尔文当年的估算结果实际上太低了，在尼罗河谷每年每英亩蚯蚓运上来的细土量在 1000 吨以上！

不过，达尔文在第三章《估算蚯蚓搬运上来的细土量》的最后结论中依然正确地指出：从遗留在地表上的小物体被埋没及留置在地表的大石块缓慢沉陷的现象，土壤中巨大数目的蚯蚓，从同一洞穴内排出的蚯蚓粪重量及在某一地区范围、在某个给定时间内被蚯蚓运上来的细土量等事实来看，蚯蚓在自然界所起的作用非常重要。

达尔文的蚯蚓研究曾引起过争议

达尔文《蚯蚓的秘密》一书的中心思想是：全英国的腐殖土都已经从蚯蚓的肠道里通过了很多遍，将来还会在它们的肠道里通过无数遍。对于既听不到又看不到、既无骨骼又无牙齿、仅有数厘米长的小动物来说，这是一项多么伟大和惊人的工程啊！

与达尔文同时代的不少科学家，对达尔文的上述结论表示难以置信，甚至有人公开提出批评。他在伦敦地质学会宣读的《论腐殖土的形成》，也曾遭受过类似的批评和非议。然而，这一次达尔文没有退让，因为他从这些批评和非议中，看到了与他的生物演化论遭受反对时十分类似的情形。毕竟他有了用毕生精力赢得人们接受生物演化论的经验，他看到了生物演化论与他的蚯蚓

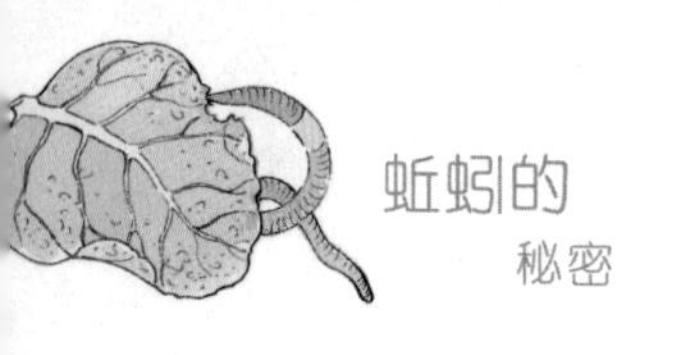

研究成果之间的相似之处。

对于一位法国批评家质疑蚯蚓竟有如此巨大的力量，达尔文温和而坚定地说："这位法国先生大概只是出于内心的感受和下意识，而不是依据观察和事实来说话的。"达尔文则用亲身观察和实验说话：蚯蚓的伟大贡献来自集体（而不是个体）的力量。有人认为，这是达尔文把平等主义、民众力量的精神推到了蚯蚓身上，这一结论只能出自像他这样既具科学远见又深爱这类不起眼的小动物的伟大科学家。

事实上，为了回答费舍先生质疑他的有关蚯蚓对于腐殖土形成所起的重要作用，达尔文在本书"绪论"中写道："费舍先生的这一观点代表学术界一种倾向，让我们再次看到了人们对连续渐变积累的成效视而不见；一如当年地质学领域所出现的情形，以及新近对生物演化论原理的质疑——这些非议常常阻碍了科学的进步。"

蚯蚓在掩埋古文物方面所起的作用

当今一位科学家在研究了《蚯蚓的秘密》后指出：达尔文的天才与过人之处，表现在他能够把想象力扩展到地质时间的宏大

维度——千百万年甚至于千百万个世纪。达尔文理解了在物种起源过程中微小变异的积累所发挥的重要作用，因而他也能领会到通过漫长的时间，蚯蚓看似微小的力量会对改造土壤起到何等巨大的作用。同时，达尔文还看到了蚯蚓在掩埋古代建筑物和其他文物方面所起的重要作用。

达尔文在第四章开头就指出：考古学家们可能不会意识到，在保存许多古文物方面，他们应该多么感谢蚯蚓的贡献啊！掉落在地面上的古代钱币、金银首饰、石器等，过不了几年就会被蚯蚓粪埋没在地下，从而被安全（甚至完好）地保存下来，直到考

古学家重新发现它们。比如，多年前，在距离达尔文出生地什鲁斯伯里不远的塞文河北岸，当人们耕犁一块草地时，竟在犁沟底部发现了很多铁箭头。根据考古学家研究，这些铁箭头是1403年什鲁斯伯里战役遗留下来的，无疑是当年士兵们遗弃在战场上、后来被蚯蚓粪掩埋而得以保存下来的古兵器遗物。

正如前面已经讨论过的，达尔文从小就知道，蚯蚓粪是会把遗留在地表的小物件掩埋掉的。显然，上面这些小件古文物都曾被丢弃在地表，不久便被蚯蚓粪掩埋起来。然而，掩埋一座古代建筑物，则需要更长的时间、更厚的蚯蚓粪、更多的蚯蚓活动方

能完成。

紧接着，达尔文描述了他和他的几个儿子（威廉、弗兰西斯以及霍勒斯）访问了英国各地的许多考古挖掘地点。比如，萨里的罗马山庄别墅遗址，那里发现了残垣断壁、陶器及其他物件的残片、罗马皇帝古钱币，以及一枚乔治一世的半个便士钱币等。还有汉普郡被亨利八世损毁的比利尤修道院遗址，此处保存下来了南侧走廊墙的一部分；刚挖掘时，在被掩埋的镶嵌铺道上发现很厚的蚯蚓粪层覆盖，走廊的石柱基础也都被厚厚的腐殖土和草皮覆盖着。

此外，在怀特岛的布拉丁一处别墅遗址，共清理出至少 18 个房间；大部分地面上都覆盖着很多垃圾和落石，落石的缝隙间填满了腐殖土。地面的腐殖土层中还有许多蚯蚓，墙壁的贴砖之间也充满腐殖土；地下暖坑的坑壁石头之间的灰泥也都被蚯蚓的洞穴穿透。格洛斯特郡也有一座大型罗马别墅遗址，这里发现了别墅废墟中的古屋、浴室、混凝土结构、铺砖碎片、庭院内古树的树干、一块猪的下颌骨，以及很多古钱币等文物。

达尔文总结道，在英格兰多处古罗马建筑及其他古建筑的掩埋和保存上，蚯蚓起到了至关重要的作用。从邻近较高地方冲刷下来的土壤以及尘土的堆积，无疑也起到了推波助澜的作用。这

些古建筑物在被掩埋前都曾经历过下沉，这虽然可以部分地归结于土地的沉降，但最主要还是蚯蚓在建筑物下面打洞造成的。基础不深的墙壁本身，也都有被蚯蚓穿过并钻过洞的痕迹，由此带来的不均与下沉，也能够比较合理地解释许多古墙出现大裂缝以及墙体由垂直变倾斜的现象。

蚯蚓被达尔文视为历史的见证人

从某个角度来看，达尔文似乎把蚯蚓视为历史的见证人，它们既送别（掩埋）了一个文明，又为下一个文明奠基铺路（做准备）。蚯蚓虽然是昼伏夜行的动物，但其行迹并不是鬼鬼祟祟的；一般人，尤其是农民以及喜欢打理花园的人，对蚯蚓还是相当熟悉的（这也是《蚯蚓的秘密》出版后在当时的英国畅销的原因之一）。大家都知道，蚯蚓整天在埋头做着自己的事，外表看起来很不起眼。然而，通过达尔文的研究我们看到，久而久之，它们能把整座古代庄园或者一座古城，甚至一种古文明的遗迹，全部掩埋在土壤层之下——在这一过程中，它们甚至还把整个大地翻了个个儿，所有土壤都从它们体内无数次地穿肠而过！

蚯蚓完成了这一切，也见证了这一切。因此，从这一意义上

来说，它们堪称历史的见证人。从哲学意义上来说，作为无神论者的达尔文认为：当我们的文明结束之日，或者当我们个体消亡之时，我们的肉身是不会升天的，而是会长眠于大地——大地将会伸出双臂来欢迎我们；当然，还有蚯蚓与我们为伴……

我想，达尔文选择把《蚯蚓的秘密》作为他生前写作的最后一本书，一定是经过深思熟虑的。毫不夸张地说，这本书不愧为史诗般的不朽之作。

第七章
蚯蚓的地质力量

蚯蚓——一种地质力量

最近 100 多年来，蚯蚓科学家们通过无数的定量研究，已充分证实了农夫和园丁们一直知道的、达尔文在《蚯蚓的秘密》里也深入讨论过的一件事：蚯蚓活动改变了地球。它们既改变了土壤层的组成，也提高了土壤层的吸水与保水性，还促成了各种养分和微生物的“加盟”。总之，蚯蚓为农业耕植提供了全方位的服务。它们帮助人类从土地中求生，并改变了地球的外部面貌——对于体重通常不到 1 克或仅有几克的小动物而言，这是何等伟大的成就啊！

不仅如此，达尔文在正文的最后两章里，还详细地讨论了蚯蚓作为一种地质力量（或媒介），对改变地貌（地球表面形态）所起的重要作用。因而，最后这两章才是全书科学意义最大的部

分，也是最能经得住时间检验的、一流水平的科研成果。

达尔文在职业生涯早期，是以地质学家身份为人们所熟知的。他在剑桥大学读书时，曾师从当时最著名的地质古生物学家之一——塞奇威克教授，并跟随他去野外地质考察，后来又随亦师亦友的著名地质学家莱尔学习地质学。他在环球科考期间，通读了莱尔三卷本的《地质学原理》，并在南美大陆地质考察期间进行了实践检验。回国后，他发表了一系列地质学论文，囊括了地质学各个方面的论题。在他写作《蚯蚓的秘密》时，早已是大名鼎鼎的地质学家了。因而，毫不奇怪，达尔文从地质学角度去考察研究和审视蚯蚓的活动，并用长达两章的篇幅，详细地阐述了蚯蚓在地貌学以及陆地景观演化上的重要意义。

蚯蚓在土地剥蚀中的作用

达尔文首先介绍了地质剥蚀的概念以及沉积岩地层是如何形成的。地球形成之初，地表出露的都是结晶岩石（即火山活动形成的火成岩），由于空气、水、温度变化、河流与海浪冲刷、地震以及火山喷发等因素，导致了火成岩的分解和风化，它们的碎屑被携带到低凹处或水体里沉淀下来，经过压实、脱水、固结之

后便形成了沉积地层。那些结晶岩石被分解、分化并搬运到较低水平面地方的现象，在地质学上称为“剥蚀”。我们知道地球历史上“高山夷为平地”的现象，便是剥蚀作用的结果。

最常见的剥蚀现象，主要是海浪与水流的冲刷。当然，风吹、日晒、雨淋，再辅之以流水，也是很重要的剥蚀因素。达尔文发现，在潮湿或比较潮湿的地方，蚯蚓以多种方式促成剥蚀作用。一是通过吞土、打洞，促成了土壤的转移；二是通过到地表排泄蚯蚓粪，使大量松散的、微粒的腐殖土很容易被大风刮跑或被雨水冲走，带到了更加低凹的地方沉积下来，这是直接的剥蚀；三是蚯蚓在消化过程中形成的大量腐殖酸，有助于岩石的化学分解，比如，腐殖酸会与洞穴壁上的土层里（或洞穴底部）的小石子或沙粒产生化学反应，将它们进一步粉碎；四是蚯蚓的砂囊也会把吞食的小石子和沙粒进一步磨碎，然后以粪便的形式排泄出来。

此外，新鲜的稀蚯蚓粪流淌、分解后的干蚯蚓粪小球顺着倾斜地表往下滚，也都促成了剥蚀作用，并大大有助于土地的剥蚀。考虑到蚯蚓粪巨大的体量，上述各种剥蚀作用的综合结果也是相当惊人的。

达尔文注意到这样一种现象：尽管蚯蚓在地表上排泄的粪便

总量很大，尤其是经过日积月累，理应给土地增加很厚的腐殖土层，然而事实上并非如此——腐殖土厚度的增加并不是很大。这到底是什么缘故呢？

在他研究剥蚀作用时发现：新鲜的稀蚯蚓粪往往会顺着地表的倾斜面往低处流散；他观察到，蚯蚓刚刚排泄出来的粪便黏稠柔软，有时候甚至很稀，而且它们喜欢在下雨天排便。达尔文怀疑，可能蚯蚓雨天喝水更多，因而在阴雨天即便不是倾盆大雨，它们排出的新鲜粪便也很容易变成半流体状，在平地上流淌、铺展开来，变成薄薄的、平滑的盘状物，缺乏一般干燥蚯蚓粪那样的蠕虫状结构。

当然，下雨天在稍有斜坡的地面上，蚯蚓这种稀黏的半流体状新鲜粪便很快就变成流体而淌到坡下去了，连平而下陷的盘状物也不会留下来。即便是尚未完全变干的、新近排泄的蚯蚓粪，也会沿着斜坡面被大大地拉长了（纯粹是重力的因素）。达尔文在霍尔伍德公园里一处坡度约为 10 度半斜坡的草地上发现，虽然这片坡地未被任何人翻动过，但蚯蚓粪数量超乎寻常地多，草丛里藏着许多汇流于此而被草丛拦截并沉积在那里的蚯蚓粪。

其后，达尔文又在儿子乔治的协助下，在自家附近的斜坡地上做过一系列的观察和研究，进一步证实了蚯蚓粪沿着斜坡流失

到低凹处沉积起来，是坡地上的腐殖土层不会积累太厚的主要原因。

干燥的蚯蚓粪也会被风力和重力带走

在干旱气候下排泄出来变干了的蚯蚓粪，通常是一条条蠕虫状的，外表很松散。蚯蚓吞进的土、小石子和沙粒等，经过砂囊的碾磨之后，在排出的蚯蚓粪里变得颗粒更细。另外，变干了的蚯蚓粪在日晒雨淋下，也很容易分裂为很多小球状的团粒，在倾斜的地面上由于自身的重力很容易滚下坡去；如果遇到大风大雨，那么就更容易从原地被搬运走——最终移动到低凹的谷底沉积下来。

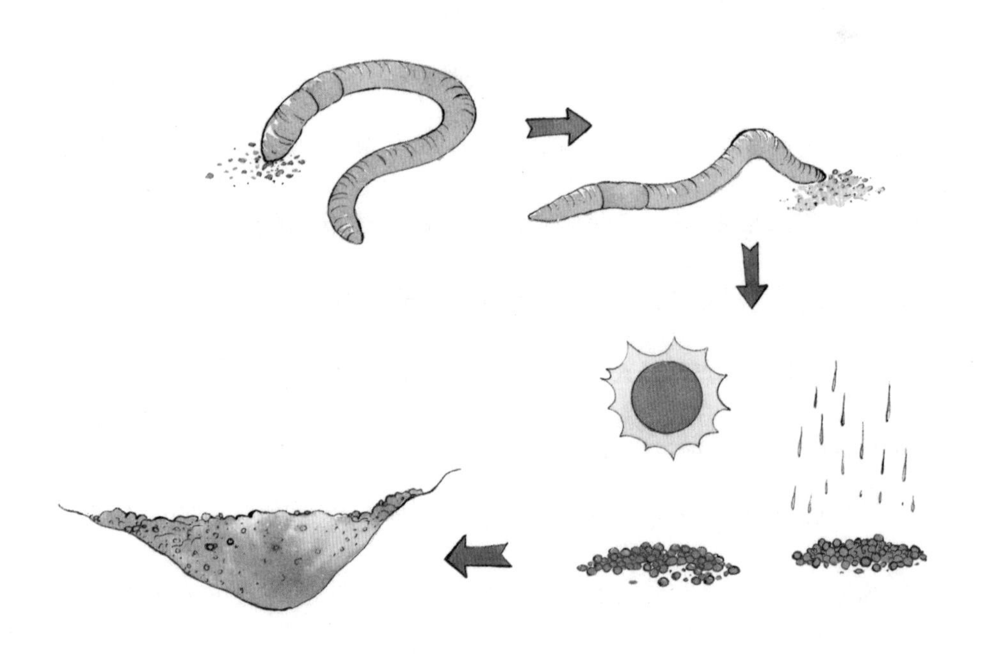

在谷底的新沉积物里，蚯蚓又钻进去打洞、吞土，然后爬出来排泄，开始新一轮的循环。如此周而复始，在漫长的地质岁月里，众多小小的蚯蚓对土壤以及其下的岩层，进行了悄无声息却又翻天覆地的改造，而且经年累月永不停息……

上面谈到的这些剥蚀作用都是由蚯蚓的直接参与而启动完成的，达尔文不厌其详地观察、记录并在书中描述了无数个类似的例证，旨在阐明蚯蚓在土地剥蚀中发挥的重要作用。而在达尔文之前，很少有人关注过这个问题。

达尔文在书中还对他观察实验的各个地点，由蚯蚓活动造成的剥蚀作用产生或搬运的细土量，进行了估算。尽管那些数据是粗略的，不过，其中有一些估算确实已被后来的科学家们研究证实是基本正确的（比如，20世纪70年代科学家对新西兰草地的研究结果，曾证实了达尔文估算的准确性）。总之，蚯蚓活动每年带来的沉积物被剥蚀的总量，是相当惊人的；而且在热带地区多雨和经常有大雨的情况下，这种情况格外显著。

热带地区降雨对蚯蚓粪便堆积的影响

热带地区不仅多雨，而且频发暴雨，所以蚯蚓粪被雨水冲刷

的程度也大大地超过在英国的情形。达尔文的一位朋友告诉他，在印度加尔各答附近，平地上一般直径 2.5 ～ 3.8 厘米的圆柱形蚯蚓粪堆，在一场暴雨之后就会倒塌并重新沉积成为薄而扁平的圆盘状粪堆，直径约为 7.5 ～ 10 厘米之间，最大直径可达 13 厘米。在植物园一个略为倾斜且多草的由黏土组成的人工坝上，人们曾仔细测量过堤坝上的三堆新鲜的蚯蚓粪堆，平均高度为 5.5 厘米，平均直径为 3.6 厘米。暴雨过后，这些蚯蚓粪堆便向着斜坡下方呈拉长了的泥土块斑状分布，平均长度约 15 厘米。从原来的形状判断，大部分蚯蚓粪已经向下方流淌了大约 10 厘米。

此外，蚯蚓粪里所含的极细的泥土，被雨水冲刷得更远。在加尔各答有一种蚯蚓粪不是蠕虫状的而是小丸子状的。由于这种形状更容易滚动，因而在暴雨之后，蚯蚓粪都被冲得无影无踪。由此可见，经过热带暴雨冲刷之后，大部分的蚯蚓粪堆表面的细土均会被冲刷干净，只留下比较大而粗糙的颗粒。

达尔文还注意到，在比较平坦的地面上，每当暴雨过后，都会出现一些很浅的小水坑；水中经常混有一些细土。天晴后，这些浅水坑干涸了，坑底的一些树叶或草叶上，都裹上一层颗粒极细的薄泥。他认为，这层薄泥就是沉淀自雨水冲刷下来的蚯蚓粪里的细土。

蚯蚓粪在陡峭山坡上形成的小土脊

达尔文指出，在地球上很多地方陡峭的斜坡草地上，经常能看到一些阶梯式的、平坦的小土脊。对于这些小土脊的成因，过去有人认为是食草动物沿着斜坡的同一水平线上吃草，因它们反复走动而形成的。但达尔文的恩师亨斯洛教授并不这样认为。达尔文经过仔细的观察和研究也发现，至少那不是唯一的原因，主要还是蚯蚓活动造成的。

达尔文的好友、植物学家胡克在印度野外考察时发现，在喜马拉雅和阿特拉斯山脉上，也看到过此类的小土脊，但那里并没有放牧的牲畜，也没有众多的野生动物。达尔文还托他的另一位好友代他考察瑞士阿尔卑斯山上的土脊，这位朋友告诉他：那里的小土脊一般长大约 1 米、宽大约 30 厘米，也是呈阶梯形，吃草的奶牛还在上面留下了深深的蹄子印痕。这位朋友在英国的白垩土丘陵上，也看到了类似的土脊。

此外，达尔文的儿子弗兰西斯也在一处白垩陡崖上观察到大约 30 个平坦的土脊，它们宽约 25 厘米，水平延伸长达 90 多米，互相平行、相互间隔半米左右，极目远望，看起来十分壮观。走

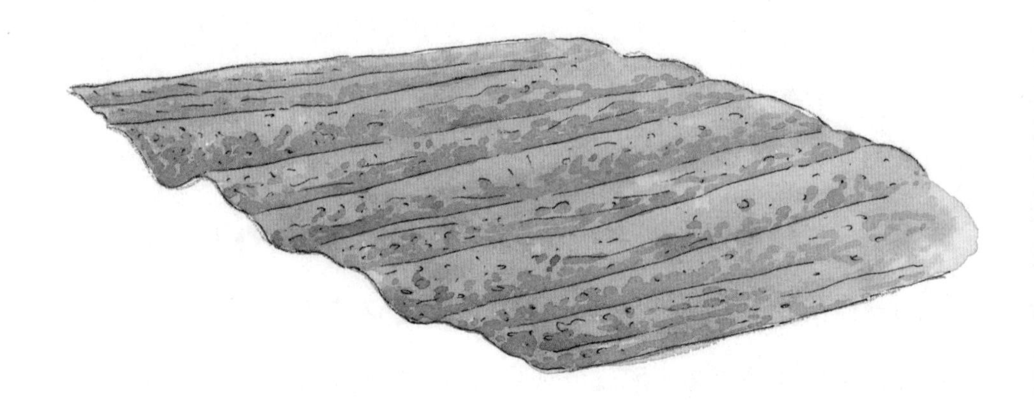

近才发现，它们其实是有点儿弯弯曲曲的，往往一个土脊通向另一个土脊，好似一个土层分离为两个一样。至于这些土脊是不是从坡上滚下来的蚯蚓粪堆积而成的，弗兰西斯也说不准。

不过，达尔文综合各地的观察资料分析研究的结果显示，陡坡上的这些小土脊，是由上方分解而滚落下来的蚯蚓粪被草等植物拦截住并堆积而成的。由于处于陡坡之上，它们通常也往横向扩展，而在陡坡上吃草的动物自然也是循着被土脊分隔出来的草带而食，进而会把土脊之间的草带啃（或践踏）成锯齿状。然后，这种锯齿状的草带又更容易成为拦截从上方滚下来的蚯蚓粪的“堤坝”，并逐渐把低处填高，使原来不规则的土脊变得规则而平坦。达尔文认为，这与莱尔所述的“风吹沙”所形成的沙漠波纹，有异曲同工之妙。

蚯蚓粪被吹向背风方向堆积下来

达尔文对蚯蚓的研究，像他以前的科研活动一样地深入细致，为人称道。他还仔细观察了多处经大风（或强风）吹过之后蚯蚓粪堆积的情况：既包括新鲜排出的蚯蚓粪，也包括陈旧干硬的蚯蚓粪，可谓面面俱到。

一般来说，在较为平坦的草地上新近排出的蚯蚓粪，在暴风雨中会被吹到背风的方向去。达尔文连续几年做了多次的实地观察，他发现：在几次大风（或暴风雨）之后，蚯蚓粪迎风的一面显得稍微倾斜且光滑（有时表面也会起皱）。在蚯蚓粪堆背风的一侧，则往往形成凹陷形，是因为粪堆上部已被卷到下部所致。这对新鲜排出的蚯蚓粪来说尤其明显，它们都会被风雨吹向背风的一面，并沿着背风一侧的倾斜面流淌下去。

有时（甚至于经常），强风也会把已经变得干硬、分解成碎片或小丸子状的陈旧蚯蚓粪吹到背风的一侧堆积下来。在英格兰，由于大多数时候刮南风与西南风，因而蚯蚓粪一般都被吹向北侧或东北侧。达尔文的儿子霍勒斯曾帮助他测量和绘制了腐殖土（主要由蚯蚓粪形成的）厚度分布曲线，明显地显示出东北方

向的腐殖土厚度都比其他方向的要厚一些。

根据上述一系列观测结果，达尔文指出，蚯蚓粪从环形而封闭的空间被风吹到东北边的沟内堆积下来，是显而易见的。尽管土壤通过蚯蚓粪的形式被蚯蚓搬运到地面，然后又被风雨吹走的细土总量，在人一生的时间里似乎并没有多少，然而在千万年乃至千百万年间，通过这种方式搬运的细土总量，便是相当惊人的了。

来自古代营房、古墓地与古耕地的启示

达尔文对自己所做的每一个结论，都会从各个方面、最大程度上去进行反复的检验和论证。例如，对上述关于蚯蚓在土地的“剥蚀—沉积巡回”中所起作用的结论，他又从古代营房与古墓地的保存现状中寻找证据和启示。

过去有人曾根据许多古代营房、古墓地与古耕地的现存状态，断言土地表面几乎未曾经历过很大程度的冲刷，古堤防的倾斜度似乎还保持着最初的倾斜度。达尔文则根据覆盖在这些古遗址不同部位上面的腐殖土厚度，得出了完全相反的结论。他发现：在古代营房诺尔公园内的一个枪靶后面，早就有一个土墩凸

起来了，可能是由先前方形草块支撑着的腐殖土形成的。

土墩大多与地平线呈 45 ～ 50 度的倾斜，在其上面（尤其是北面——英国的风向主要是南风和西南风）长满了高高的粗草，草下面藏有许多蚯蚓粪堆。这些粪堆曾成堆地向下流动，另一些粪堆则像小球一样往下滚动。因此，只要有蚯蚓栖息在这样的土墩下面，其高度就会缓慢下降。从这些土墩旁边流（或滚）下去的细土，又会在底部堆积成斜堆。哪怕是薄薄的一层细土，也适合蚯蚓的栖息。因而，从这些斜堆排出来的蚯蚓粪也会比其他地方多，经过暴雨的反复冲刷，蚯蚓粪堆逐渐地被剥蚀而流向了附近较低的平地上铺展开来，结果整个土墩降低了，但各个边的倾斜度不一定有很大的变化。其他古代的堤防和墓地，大抵也是如此。

在世界上很多地方，人们利用土地耕作时，一般都会采取一种“轮耕”的形式。轮耕是指某一片土地在连续耕种一段时期后，肥力会逐渐下降，为了使土地得以“休养生息”，便将其荒废一段时间（休耕），改为耕种其他土地；等肥力回升之后，再重新耕种。或者如达尔文在《蚯蚓的秘密》中写到的，在英国不少休耕期间的土地，变成了放牧奶牛的牧场（草地）。

有时候，一片土地已变为牧场五六十年。很多人不了解，还

以为那里自古以来就一直是牧场。后来他们才发现，原来五六十年之前，它曾是被耕犁过的农田。比如，在 19 世纪初，由于谷类价格暴涨，英国的许多土地都被耕犁过，用来种植谷物。达尔文指出，土地自古代起就被耕犁过了，因而出现了一行行凸起的土垄（垅）或田畦，以及它们之间与其平行的垄沟或犁沟。

达尔文发现，在古老的牧场，无论在哪里测量，垄沟里的腐殖土层均比土垄的腐殖土层厚数厘米。最初看起来，这有点儿令人费解，因为土垄是高出垄沟的农作物生长的地方，按理说，土垄的腐殖土层应该比垄沟里的腐殖土层更厚。达尔文分析，在土地被牧场的草皮覆盖之前，细土（即腐殖土）已从土垄流失（冲刷）到垄沟里了，蚯蚓在这一过程中未必起到多大的作用。然而，根据达尔文之后的观察发现：每逢下大雨时，土垄上的蚯蚓粪便会被冲刷到垄沟里；堆积在垄沟里的蚯蚓粪（细土）更适合蚯蚓栖息，因而垄沟里排出的蚯蚓粪也就变得更多。久而久之，当垄沟被填得与原来的土垄一样平的时候，土地就变成了后来的牧场。这时土垄与垄沟的区别就不复存在了，当测量两处的腐殖土层厚度的时候，就出现了垄沟的腐殖土层反而比土垄的腐殖土层厚的“反常”现象。

达尔文认为，这恰恰反映了蚯蚓活动带来的古耕地里腐殖土

层厚度的变化，是蚯蚓在剥蚀—沉积巡回过程中改变地貌的证据之一。你看，达尔文是何等聪明啊！

蚯蚓对白垩岩层上腐殖土形成的贡献

英国的白垩岩层出露的很多，主要由碳酸钙组成的白垩岩层中，并没有什么养分，也比较硬，肯定不适合蚯蚓栖息。那么，白垩岩层上广泛分布的腐殖土层究竟是从哪里来的呢？为此，达尔文在他儿子威廉的帮助下，到多地做了详细的考察和研究。他们发现：在比较陡峭且长满草的斜坡上，白垩岩层露出地面的地

方，蚯蚓通常排出很多粪便；每逢下雨，一些蚯蚓粪便会被冲刷到白垩岩层的缝隙中去，有些也会与风化面上的白垩粉粒混在一起。

此外，雨水中的碳酸、蚯蚓粪里的腐殖酸以及其他植物根系释放的酸类，也会与白垩岩层中的碳酸钙发生化学反应。比如，达尔文在自家的一块地里看到，一些白垩碎片埋在蚯蚓粪之下，经过 29 年后，原本有棱有角的白垩碎片竟变得像水磨卵石一样，其棱角都被蚯蚓粪的腐殖酸腐蚀掉了。

尤其是山谷里白垩岩层上的腐殖土层，一般均相对比较厚。因此，达尔文深信：这些腐殖土主要来源于附近山坡上冲积下来的蚯蚓粪沉积。虽然渗入到下面白垩岩层中的蚯蚓粪的细土量还不太清楚，但是由于白垩岩层里的碳酸钙与大气、雨水中的碳酸以及蚯蚓粪里的腐殖酸产生化学反应，也为新鲜的土状物生成提供了来源。总之，达尔文令人信服地展示了：蚯蚓活动对白垩岩层上腐殖土层的形成，起到了重要甚至主要的作用。

蚯蚓还是最古老的天然犁铧

蚯蚓又称地龙，这个名称形象地描述了它们在地下游走如龙

的习性。它们把遇到的土推向两旁，同时吞食土壤颗粒，消化其中的养分，并把较大的颗粒磨碎。在此过程中，它们在地下钻出（打造）了许许多多的洞穴。夜晚，蚯蚓从地下爬到地表，在洞穴附近排出一堆又一堆的蚯蚓粪。在觅食过程中，它们还搬运许多腐烂的树叶、松针以及其他碎屑堵塞洞穴口。它们像是辛勤的农夫与园丁，在与土壤打交道，从大地里“讨生活”。它们工作的时候，又像十分高效的袖珍犁铧，默默地在大地上耕耘着。

蚯蚓的体形似乎是专门为生活在地下精心设计的。它们在土壤中游走宛若行进在河流里的小船，既能装载土壤，又能搬运土壤。此外，它们还能改良土壤的结构和成分。达尔文在书的结尾不无感慨地写道：“耕耘一直被认为是人类最古老、最有用的发明之一。孰知远在人类出现之前，蚯蚓就已经在大地上辛勤‘耕耘’许久了，而且还将持续耕耘下去。”

达尔文认真研究了蚯蚓的各个方面，最令他感兴趣的是它们耕耘和搬运土壤的能力。他深刻地认识到：蚯蚓就是最古老的天然犁铧。它们的外貌虽然很不起眼，但是它们的“体力”以及“工作能力”，不得不让人对它们刮目相看！

蚯蚓在世界历史中所起的作用总结

《蚯蚓的秘密》最后一章的标题是“结论”，其实也是全书的总结，我们在此也跟随着该章的内容，再来复习一遍全书的要点。

达尔文一开头就写道：“蚯蚓在世界历史中所起的作用，远比大多数人起初想象的重要得多。”我想，如果你们读到这里，一定会同意他的这一论断。

在世界上大部分潮湿的地方，蚯蚓的数量都很多，而且它们虽然个头很小，力量却非常惊人。每一英亩的土地上，它们每年能（集体）吞下约 10 吨以上的干土（不过，我们现在知道，达尔文当年的这一估算还是偏低了很多），并以排泄粪便的方式，将这么巨量的土搬运到地表上来。换句话说，每隔几年，整个土壤表层的腐殖土就会通过它们体内一遍。

随着蚯蚓在地下钻出的旧洞穴的倒塌，其上的腐殖土层也处于缓慢但不断的运动之中，腐殖土中的微粒也因此相互摩擦。借助这些变动，新鲜的地层表面得以不断地接触到腐殖土中所含的碳酸与腐殖酸，并受到它们的腐蚀。而腐殖酸对岩石的分解效力是很强的。

我也由此想起“扬州八怪”之一郑燮（号板桥）的一首《竹石》:“咬定青山不放松，立根原在破岩中。千磨万击还坚劲，任尔东西南北风。”竹子之所以能够立根在破岩之中，就是因为竹子的根系释放出来的酸类腐蚀了周围的岩石并在岩石的缝隙中形成了腐殖土，才能让竹子咬定破岩与青山死死不放。类似情况，大家在游览名山的时候都可以看到，尤其是在黄山，你可以见到许多坚硬的花岗岩大石头上长出来的树，这都是借助碳酸与腐殖酸对树根部周围岩石矿物很强的化学分解能力实现的。

此外，蚯蚓也有助于岩石的机械性崩解。它们砂囊的肌肉很发达，砂囊里的小石子成了“磨石”，能够把它们吞入的不太坚硬的岩石碎屑研磨得更细。因此，蚯蚓排泄出来的粪便都成了颗粒极细的细土，无论是新鲜的蚯蚓粪，还是干硬陈旧的蚯蚓粪，遇到风雨天气，很容易被搬运到新的、低凹之处沉积下来，尤其是堆积在具有一定角度的斜坡上的蚯蚓粪更容易被重力、风力以及雨水冲刷，搬运到山谷中去。由于这种原因，表层腐殖土一般都不会堆积得很厚，而比较薄的腐殖土层，又会使下面的岩层更加容易地暴露到地表，遭受风化和剥蚀，加速了岩石和岩屑的崩解。

以上方式带来的蚯蚓粪与腐殖土的移动以及对下面岩层的剥

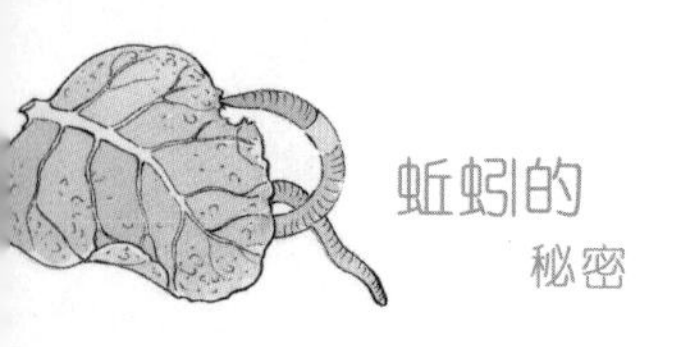

蚀作用，长期积累起来的效果是十分惊人的。大量的泥土及岩屑不断地沿着无数山谷的众多斜坡向下移动，最后汇集到谷底，并常常形成冲积扇，然后随着山谷中奔腾的溪流，最终百川入海。海底的沉积物便是如此而来的，黄河的水那么黄也是因为河水携带着大量的腐殖土细土。“黄河之水天上来，奔流到海不复回”，描绘的就是这一现象：雨水把黄土高原上的土壤冲刷进黄河里，最后被搬运到大海里沉积下来。若干年以后再经历“沧海变桑田”的地质变化，海底的沉积岩又被抬升到地表，再经过蚯蚓的活动，重新开始新一轮的生物、物理、化学循环……

达尔文认为，考古学家们应该感谢蚯蚓：因为它们的保存和

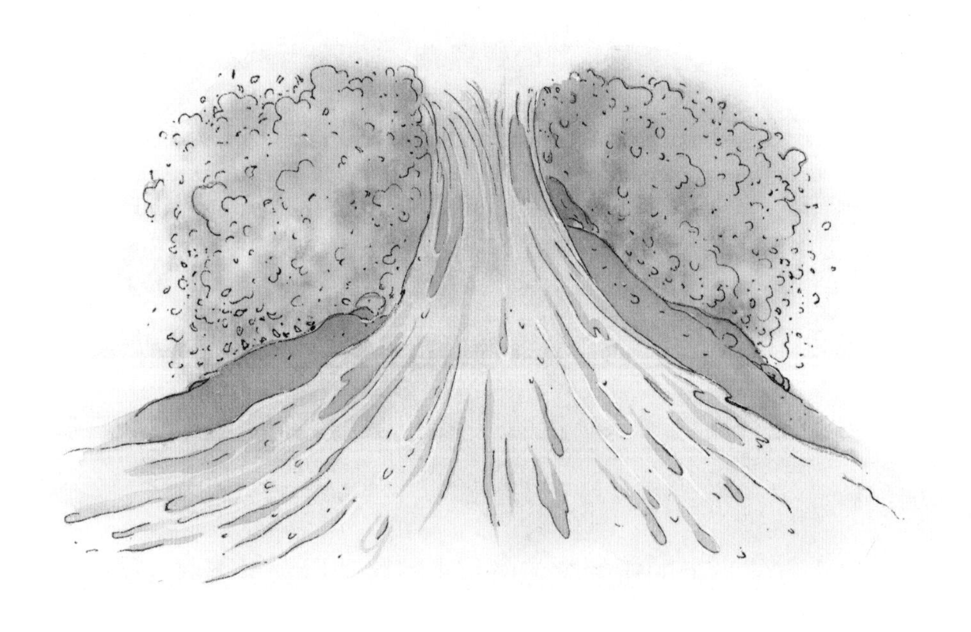

保护作用，使许多不易腐蚀的古代文物（如古钱币、古代战场上丢弃的兵器等）以及古建筑物（如古罗马建筑、古代庄园、古工场、古墓等）被蚯蚓粪埋藏起来，并使之长久基本保持原貌，成为考古学家们如今的研究材料。

当然，由于蚯蚓喜欢在古代建筑物和砖块镶嵌铺成的街道下面打洞，也造成了古老的镶嵌人行铺道以及古墙下陷、倒塌，并使它们受到不同程度的损坏。不过，蚯蚓的活动毕竟使这些古代遗址被及时地掩埋起来，没有因风化或其他因素而消失殆尽。因此，达尔文认为，蚯蚓是考古学家们的“福星”，替他们保存下来了古代历史的遗迹，使历史研究有了实物证明。

凭借着蚯蚓粪的堆积，竟能将整个古建筑群掩埋起来，也足可见日积月累、集腋成裘的伟大力量。其实，这也是整本书主旨——彰显“渐变论”（又称“均变论”）的精髓：人们肉眼能够观察到的一点一滴的微小变化，经过漫长地质时期的不断积累，最终产生了人们难以想象的巨大变化。

首先，蚯蚓以其独特的方式改良土壤，使其更适合植物（包括农作物）的种子和幼苗生长。蚯蚓通过吞食土壤，在其消化系统里，把较大颗粒的小石子、沙子、动物尸体的碎骨头、昆虫甲壳残片，以及半腐烂的树叶和树茎等，磨得更碎、更细，并与土

壤里的各种微生物相互发生作用。然后，它们再以排泄粪便的方式，不断地把腐殖土暴露在地表及空气中，并加以筛选，就像花匠们为珍贵的花草备制细土一样。经过蚯蚓“加工”过的这些腐殖土，具有更好的透气性、吸水性和保水性，能够更好地吸收周围环境里一些可溶性物质与养分。

蚯蚓把很多半腐烂的树叶、树茎等拖曳进它们的洞穴里，一部分用作食物储备，一部分用来堵塞洞口，以防水、防天敌和保暖之用。当蚯蚓食用这些拖曳进来的叶片时，它们先是将其撕成碎片，经过部分消化并与肠道分泌的消化液相互作用之后，再跟大量的泥土混合在一起。这就变成了蚯蚓生成的、新的腐殖土。因此，为了强调蚯蚓的这一伟大贡献，原书全名（《蚯蚓活动带来腐殖土的形成以及蚯蚓行为之观察》）的前半部分的意思就是通过蚯蚓活动形成了腐殖土，后面一部分指的是蚯蚓习性的观察。达尔文通过对蚯蚓习性的仔细观察和研究，提出了蚯蚓具备某种程度的智力与智能这一著名的假说，也是该书出版之后非常畅销的主要因素。

第八章 蚯蚓的智力

蚯蚓的智力与智能

达尔文发现，蚯蚓的感觉功能比较迟钝：虽然它们似乎勉强能够区别光明与黑暗——知道昼伏夜行，却谈不上具有任何程度的视力，而且也仅仅具备并不十分敏感的味觉。不过，蚯蚓的嗅觉功能似乎相当发达。

读罢《蚯蚓的秘密》，令我再次惊叹达尔文不仅是卓越的观察者，而且是极为有趣的实验者（他自嘲地称自己设计的实验为“傻瓜的实验”）。他在书中描述了几个令人捧腹的例子：他让儿子对着花盆里的一窝蚯蚓吹巴松管，以检验它们的听力；还让早年在巴黎跟肖邦学过钢琴的妻子艾玛弹钢琴给蚯蚓听，看它们是否会有什么反应……他还喂了蚯蚓各种各样的食物，最后发现它们最喜欢吃生的胡萝卜。

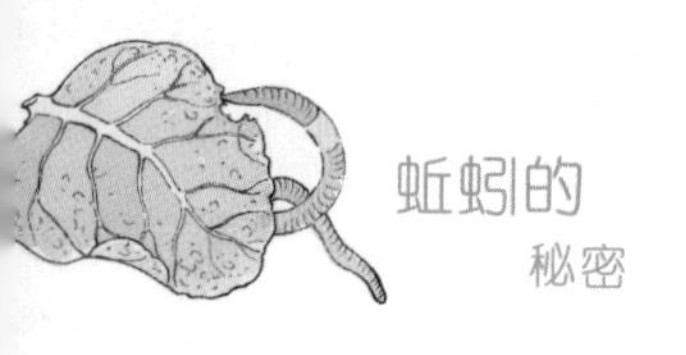

此外，他用剪成三角形的小纸片（代替落叶）以及折断后又重新用胶水粘起来（或用细线缠起来）的松针，来考察蚯蚓搬运它们入洞的方式，并试图以此来检验蚯蚓是否具有一定的判断力和智力。尽管他有关蚯蚓所选择的特定搬运方式是出自智力而非

本能的结论，至今仍然存在着争议，但是他的创新精神依然备受推崇。其实，书中引起争议的这一部分，也正是当年最受大众读者欢迎的部分，即达尔文认为蚯蚓具有一定的判断力和智力水平。达尔文观察到，蚯蚓会搬运一些落叶、松针或小树枝碎片堵住它们的洞口，洞是圆柱形的。他认为如若是聪明的人类去拖树叶的话，一定会选择抓住狭窄的一端拖进圆形洞口，但倘若拖曳细棒状的松针、小树枝等，一定会选择抓住比较粗重的一端拖进圆形洞口。而蚯蚓恰恰就是这样干的！

因此，他推论：蚯蚓在它们的洞口附近，“选择”落叶、松针或小树枝碎片，并“决定”用上述搬运方式将其拖入洞口，一定是经过了“判断”“试验”才做出的“决定”——这是实实在在的“决定”，而不是源于“偶然机缘”或“简单、盲目的冲动”。对当时的读者来说，这无疑是一种闻所未闻的启示：如此低等的动物，竟然这般聪明！

蚯蚓真的具有智力与智能吗？

至于引起争议之处，是因为后来的研究者指出，达尔文的推论可能夸大了蚯蚓的智力水平。因为蚯蚓在解剖形态上，还没

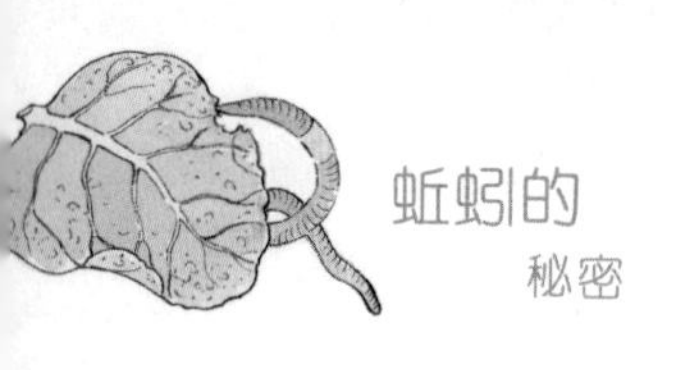

有脑部，故不可能有如此复杂的思维能力。有的演化心理学家则认为，我们不应该从“人类中心论”的视角去理解达尔文所说的“智力”，智力演化毕竟也是有起点的。

在纪念达尔文诞辰200周年时，一个由德国与英国科学家组成的研究团队重新研究了这一课题，他们将蚯蚓与同属环节动物的表亲蚂蟥做比较研究，发现蚂蟥属于进攻性的猎食（吸血）者，比蚯蚓有更为发达的感觉器官以及由神经节集合而成、发育良好的脑部。即使如此，也不应该说蚂蟥具有智力，其行为还是以本能为主，更遑论蚯蚓了。看来争论双方都有一定的道理，可能关键在于如何理解和定义“智力”一词。

总之，尽管这一争论尚未解决，但至少从一个方面显示了达尔文研究的重要性。120多年后，他的蚯蚓研究还激发科学家们沿着他的足迹，继续探索研究这一课题，努力去证实或证伪他的结论。这在科研领域是何等的了不起啊！

值得强调的是，上述研究者们证实了这一事实：无论你是否同意达尔文的结论，达尔文蚯蚓研究中的观察和实验，经过了无数次的检验，被证明是非常准确、无可挑剔的。这正是达尔文作为一名杰出科学家非常了不起的地方。他曾经说过：“错误的结论一般是无害的，因为后来者将会满腔热情地去批评你、纠正你，

而错误的观察和数据才是贻害无穷的，因为它会把你以及后来者引入歧途。”我曾在自己的博士论文中引用过这句话，后来也成了自己毕生科研生涯的座右铭。

第九章
出版后的反响

出版后的反响

与达尔文的许多其他著作相比，《蚯蚓的秘密》一书行文轻松诙谐易读，是他所有书中最为畅销的著作之一；尽管在出版之前，他曾心有疑虑，可是，后来的事实表明这是一本大受欢迎的书。这本书在出版后的前几年，甚至比当年的《物种起源》还要畅销。

该书不仅在几年之内连续加印数次，而且使达尔文获得很多支持者。他的很多读者纷纷写信给他，讲述自己的蚯蚓故事：他们的观察、想法，包括提出的一些“十分可笑”的问题，令达尔文读后乐不可支。

此外，《蚯蚓的秘密》也受到了书评界的一致好评。该书出版后的两个月间，英、美众多媒体纷纷刊发书评。比如，《伦敦

科学院》刊载书评称："达尔文先生这一重磅力作内容丰富，充分彰显了他的过人天赋。这是出自他笔下的又一经典……其魅力之一是极为通俗易懂……该书实属雅俗共赏之作，每一页都趣味无穷。"

《星期日书评》则称："达尔文先生这本关于蚯蚓习性和本能的小书，一如他以前的皇皇巨著，观察独到，对事实的解释令人信服，得出的结论无懈可击……所有博物学爱好者都应该感谢达尔文先生的贡献，他使我们对被长期忽略的蚯蚓结构与功能，获得了十分有益且非常有趣的新知。"

连《纽约画报》都刊载了这本书的书评，赞扬"作者的细微观察揭示了微小蚯蚓的集体力量足以改变宏伟的地球外貌，令人读后耳目一新，心悦诚服"。

类似的不吝赞美之词还见于当时的更多主流媒体，包括《布鲁克林时报》《纽约世界》《波士顿导报》等。还有书评人特别指出，这本书读来完全不像是高冷、深奥的科学著作，而像是一本娓娓道来的言情小说。

此后，报刊上许多关于达尔文的卡通画，都离不开蚯蚓缠绕其身，该书的流行程度由此可见一斑。更有意思的是，该书意想不到的畅销，令他的出版商默里欣喜不已。该书出版后还不到一

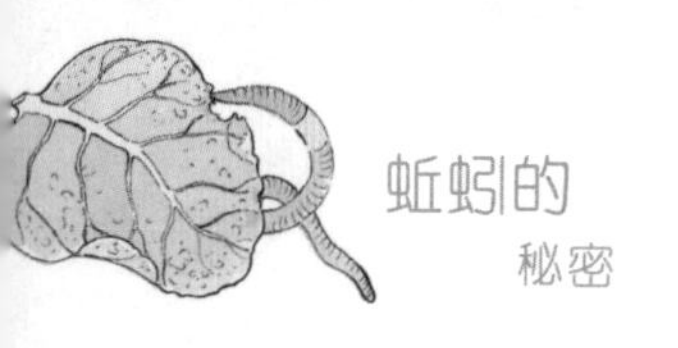

个月，出版社一位秘书致信达尔文，兴奋地写道："我们已经卖了3500条蚯蚓！"（指已经销售了3500册书，与此相比，当年的《物种起源》在同期之内卖了1250册。）

其实，在众多的书评中，大家似乎都忽视了达尔文写这本小书的"苦心"所在。毕竟这是他的临终之作，凝聚了他的深刻感悟与睿智——这是一本值得反复阅读的书。

如果我们审视一下达尔文在《物种起源》之后所写的这么多

书，那么可以看到他的每一本书都是从不同的角度来补充和完善他在《物种起源》里阐述的生物演化论以及自然选择学说。《蚯蚓的秘密》也不例外，作者在书中有一个没有道明的“隐义”（暗含的要旨），即彰显“渐变论”的“放之四海而皆准，传至千秋也是真”。

自从他登上“小猎犬”号战舰，开始阅读菲茨罗伊舰长赠送他的莱尔《地质学原理》（第一卷）开始，他就对“渐变论”深信不疑：眼前观察到的涓涓细流般的微小变化，经过长期积累，便能引起翻天覆地的巨变。因此，他将其运用到自己的生物演化论中：

自然选择每日每刻都在满世界地审视着哪怕是最轻微的每一个变异，清除坏的，保存并积累好的；随时随地，一旦有机会，便默默地、不为察觉地工作着，改进着每一种生物跟有机的与无机的生活条件之间的关系。我们看不出这些处于进展中的缓慢变化，直到时间之手标示出悠久年代的流逝。然而，我们对于久远的地质时代所知甚少，我们所能看到的，只不过是现在的生物类型不同于先前的类型而已。

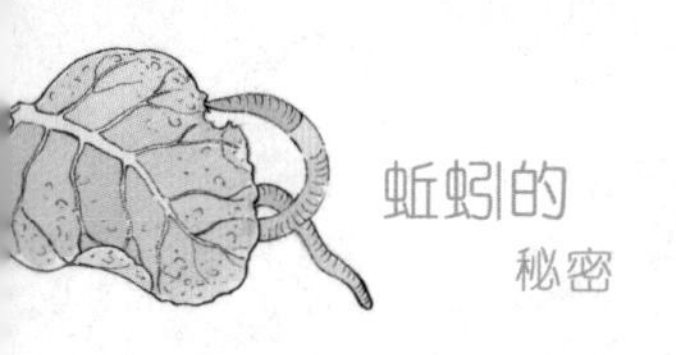

事实上，达尔文曾在回答费舍先生质疑他的有关蚯蚓对于腐殖土形成所起作用的文章中写道：“此处我们再次看到了人们对连续渐变积累的成效视而不见；一如当年地质学领域所出现的情形，以及新近对生物演化论原理的质疑。”

显而易见，达尔文理论跟莱尔的“渐变论”一样，都建立在无数微小变化经过无限长时间积累而产生的从量变到质变的基础上。在《蚯蚓的秘密》一书中，达尔文再次用细致入微的观察和生动流畅的笔触，向读者展示：不计其数微不足道的蚯蚓，在我们的脚下，整日整夜默默无闻地“耕耘”，历经千百万年，改造了土壤，改变了地貌，甚至掩埋了废墟，保存了文物。了解这些之后，谁还能忽视蚯蚓的伟大力量呢？

由于《蚯蚓的秘密》在英国发行后广受欢迎，因而出版不久，很快就被翻译成为多种语言版本。从 1882 年开始，先后有德文版、法文版、意大利文版、俄文版等问世。截至 1884 年 2 月，在短短不到 3 年时间里，《蚯蚓的秘密》在英国销售了 8500 本，这在当年来说，堪称“超级畅销书”了。然而，由于种种原因，在其后 60 年间，《蚯蚓的秘密》逐渐淡出了人们的视野。不仅一般大众不再注意它，甚至在学术界似乎也被遗忘了。

60 余年后，《蚯蚓的秘密》被另一家出版社——英国伦敦的

费伯出版社再版重印。费伯出版社 1945 年版采用了《蚯蚓的秘密》1881 年第一版的版本，并请了当时最著名的土壤科学家和农学家霍华德爵士作了一篇长篇导读。霍华德爵士在导读中，也对该书在过去 60 年来遭受的冷遇感到困惑不解。不过，自那开始，《蚯蚓的秘密》又重新畅销起来。

从那时起一直到现在的近 80 年间，越来越多的科学家在达尔文工作的基础上对蚯蚓进行多学科的综合研究，这一方面的文献积累到今天，已经非常丰富了。

《蚯蚓的秘密》的深远影响

霍华德爵士在 1945 年版的《蚯蚓的秘密》导读中首先指出：从 19 世纪 40 年代直到 19 世纪末，西方的农业科学曾被视为化学的一个分支学科；《蚯蚓的秘密》问世时，正值“无机农业”的鼎盛时期，人们都还痴迷于一种执念：化肥能提高农作物产量，喷洒农药可以控制农作物病虫害。因此，像达尔文这样一位伟大的博物学家，花了 40 多年观察、实验与研究方完成的这部经典著作，却没有引起当时农业科学家们的重视。

霍华德爵士以自己的亲身经历写道：“我在剑桥大学攻读农学

学位期间，在 1896—1897 学年，主修了各门农学课程（包括农业化学），没有一门课程里提到过蚯蚓活动对农田和农业的作用或贡献。讲到有关土肥保收的课题，连达尔文的名字都没有提起过！教授们向我们灌输的东西，都是无机农业（人造化肥）是如何的高产有效。

直到 1897—1899 的那两个学年间，霍华德爵士才在自然科学三门基础课里接触到了达尔文的著作（包括《蚯蚓的秘密》）。后来，他在印度工作期间（1905—1931），愈加对蚯蚓和白蚁在形成腐殖土过程中的重要作用产生了极大的兴趣，也长期从事观察和研究。他从印度退休回到英国后，曾在农业科学领域大力提倡停止使用化肥和农药，保护蚯蚓，让蚯蚓在制备腐殖土中发挥作用。霍华德爵士在英国提倡和推行回归有机农业（即绿色农业）方面居功至伟，成为当代有机农业的奠基人，并被英皇封爵。

也正是由于霍华德爵士为 1945 年再版的《蚯蚓的秘密》写了重磅的长篇导读，才使其重新畅销起来。这一次与最初不同的是，它引起了土壤科学与农学专家们的重视。自此开始，土壤科学领域便把达尔文视为该学科的开山鼻祖了。“二战”结束之后，有机农业的理念也逐渐在美国宣传推广开来，《蚯蚓的秘密》的

影响也随之变得越来越大。

达尔文的蚯蚓研究，如同他的所有其他研究一样，不仅使他成为这一领域的鼻祖，而且其研究成果经受住了漫长时间的考验。100多年后，为了配合达尔文故居申请列入《世界遗产名录》，英国某大学曾派出一个研究团队，用新的手段重新研究了“党豪

斯”周围的蚯蚓，其结果验证了达尔文当年的研究是极为扎实可靠的。同时，达尔文的研究还进一步启发了这一团队对当地蚯蚓的分类学和行为生态学的研究。除此之外，达尔文一直被现代土壤学家们尊为研究“土壤中生物扰动作用”的先驱。《蚯蚓的秘密》是土壤学家们公认的土壤生物学与土壤生态学里程碑之作，对于我们理解腐殖土的成因及其土壤生态意义贡献巨大。

达尔文好像有一种神奇的创造力，按照现在的话来说，他的研究都是带有高度“原创性”特色的。《蚯蚓的秘密》除了在地质学、土壤科学、生态学上具有重要意义，并标志着许多开创性工作之外，在动物行为学、考古学、农学等各个领域也都代表着“引领潮流”的开创性的研究。在达尔文这项工作的基础上，近些年来各相关领域对蚯蚓的研究都在继续深入下去。所有这些都足以说明，《蚯蚓的秘密》在众多科学领域的深远影响。

达尔文的过人之处还在于他能够从微小现象中悟出大道理（上升为科学理论），在平凡事物中见到神奇美妙之处。《蚯蚓的秘密》生动并清晰地展示了一些看似微小、表面寻常的现象（如蚯蚓活动），经过巨大尺度的时间和空间上的积累效应，能够产生多么大的影响效果；同时也显示了达尔文的那些看似琐碎、平庸无奇的观察实验，却能产生如此重要的科学结论甚至科学理论。

《蚯蚓的秘密》一书在今天依然十分重要，不仅是因为蚯蚓活动在地球的生态系统中扮演的重要角色，而且是因为达尔文在100多年前使用的生态与定量的研究方法是那么的有效与超前，至今依然是经得住检验的。

虽然他在书中所用的词汇是人们日常生活中的普通词汇，而不是今天科学领域内的专业术语，却一点儿也不影响其重要性和原创性。比如，蚯蚓在土壤里钻来钻去的打洞行为，现在的生物学领域里有了一个专业名称——“土壤生物扰动”，而《蚯蚓的秘密》也成了土壤生物扰动研究领域的开山之作。

从另一方面来看，也许正是由于达尔文使用了人们日常的语言（甚至于维多利亚时代的文学性语言），才使他的著作在当年更为流行，更具有科学以外的魅力和文学艺术之美。

充满诗意的语言

《蚯蚓的秘密》一书是以下面这段话结尾的：

当我们眺望广袤的草原时，我们应该牢记，眼前的美景，主要应归功于蚯蚓缓慢地削平了大地的沟壑。想象一下，如此广阔

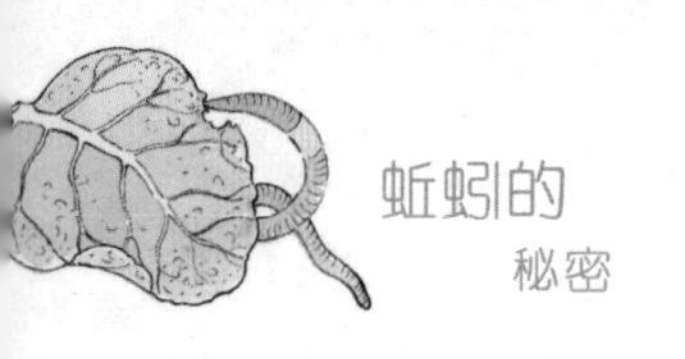

的腐殖土层，每隔几年就通过了并仍将继续通过蚯蚓体内一次，这是何等的不可思议啊。耕耘一直被认为是人类最古老、最有用的发明之一，孰知远在人类出现之前，蚯蚓就已经在大地上辛勤“耕耘”许久了，而且还将持续耕耘下去。我很怀疑，还能有几种像蚯蚓这样的“低等”动物，在世界史上竟扮演了如此重要的角色。当然，还有更低等的动物（指珊瑚虫），在大洋之中建筑起无数的珊瑚礁和岛屿，完成了更加引人瞩目的工程，不过这些几乎都局限在热带地区。

身份卑微却有如此翻天覆地的力量，世界上只有热带海域中的珊瑚虫堪与蚯蚓媲美了。而珊瑚虫造礁、建岛的“功业”，正是达尔文早期的重要地质学研究成果之一。因此，达尔文对“低端”生物的礼赞，是贯穿其一生的。

最后我想特别指出，《蚯蚓的秘密》结尾这一段话与《物种起源》结尾的一段话，颇为神似、相映成趣。同样诗意的语言，显露了达尔文极高的文学造诣。这在他的著作中，是并不常见的。达尔文这样写，分明是在试图提请读者们回顾他在《物种起源》最后一段所提及的：

凝视纷繁的河岸，覆盖着形形色色茂盛的植物，灌木枝头鸟儿鸣啭，各种昆虫飞来飞去，蠕虫爬过湿润的土地；复又沉思：这些精心营造的类型，彼此之间是多么的不同，而又以如此复杂的方式相互依存，却全都出自作用于我们周围的一些法则，这真是饶有趣味。

显然，在众多“精心营造的类型”中，蚯蚓无疑属于最不起眼的“卑微者”，但达尔文一向认为，“卑微”是“伟大”的基础。在一次与几位无神论者（其中包括即将成为马克思女婿的艾威林先生）聚会的晚宴上，有人曾问他：“您为什么会对蚯蚓这样‘卑微’的动物产生如此大的兴趣？”达尔文不假思索地答道：“我已经研究它们的习性长达40年了，我们之间是‘一见钟情’。”

当然，达尔文的毕生所爱不仅是蚯蚓以及跟蚯蚓一样微不足道的小动物们，如苔藓虫、甲虫、藤壶、珊瑚等，更是科学事业本身。他把自己的一切都无偿地奉献给了科学事业，为增进人类对自身以及周围世界的认知做出了重大的、革命性的贡献。

尾声

科学巨星的陨落

自 1836 年 10 月初达尔文结束为期近 5 年的环球科考回到了英国，到 1881 年 10 月出版了最后一本著作《蚯蚓的秘密》，整整 45 年，这期间他常常被疾病折磨得生不如死，他把自己的生活称为“活地狱”一般的生活。但是他从来没有放弃自己的研究工作，从来没有停止写作。他的工作习惯已经成为他生命的一部分。他对大自然的好奇心，从来没有丝毫减弱；他在生命探索的旅途上，也片刻未曾停歇。

1882 年 3 月初的一天，达尔文像往常一样在他平时一边散步一边思考的沙径上散步时，突发心绞痛。自那以后，他基本上就一病不起，几乎整夜难以入睡了。他自知生命所剩时日不多，故不再有继续工作的力气与念头。此时的达尔文已经度过了 73 岁生日，他的心脏功能日渐衰竭。他在清醒的时候嘱咐妻子艾玛，

请她转告孩子们，他记住他们一直以来对他是多么好；他对妻子说，他一点儿都不害怕死亡。

1882年4月19日凌晨4时许，达尔文因心脏功能衰竭于家中逝世，艾玛守在他的床边。此时，天空中那颗耀眼的启明星还在闪烁着光芒，而英国最伟大的一颗科学巨星陨落了……

艾玛和家人原本打算把达尔文葬在党豪斯教区教堂附近的达尔文家庭墓地，然而，国家决定把他跟英国其他伟人安葬在一起，以纪念这位英国历史上伟大的科学巨匠。

1882年4月26日，达尔文的葬礼在伦敦威斯敏斯特教堂隆重举行。这是依照英国国葬的规格，包括伦敦市长、各国驻英大使、英国国会上下院的议员、各大学校长以及各科学学会会长在内的社会各界人士，均参加了葬礼。达尔文被安葬在威斯敏斯特教堂中殿的北侧信道，与英国历史上的杰出人物牛顿、乔叟、莱尔等人“为伴”。达尔文的墓离牛顿的墓仅有几步之遥。下葬那天，为他抬棺的人包括华莱士、赫胥黎、胡克、英国皇家学会会长和剑桥大学校长等。

这一天，威斯敏斯特教堂里座无虚席。没有拿到入场券的人们，靠近教堂四周的墙壁站立着。管风琴演奏着贝多芬和舒伯特的音乐。合唱团演唱为达尔文葬礼专门谱写的赞歌。

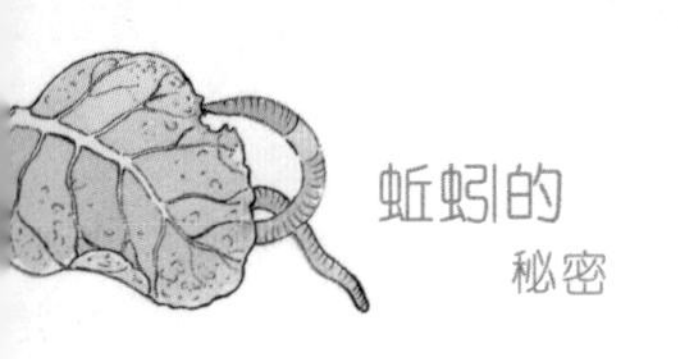

达尔文逝世的消息传开后，全世界各大报刊都刊登了讣告，对达尔文的贡献给予极高的评价。英国《泰晤士时报》的讣告写道：“至少要回溯到牛顿甚至哥白尼，才能发现一个对人类思想的影响可以与达尔文相比的人。无论科学今后如何发展，达尔文将永远是科学思想和科学考察的巨匠之一。”

虽然达尔文生前从来没有认为自己是多么了不起的人物，可是他最终反而成了不朽的名人！达尔文的妻子艾玛，并没有出席威斯敏斯特教堂的葬礼，而是守在她和达尔文居住了40年的家中，因为那里有太多的两人相濡以沫、同伴大半生的美好记忆……

最低调的自我评价

在达尔文逝世的时候，至少在科学界，已经很少有人怀疑演化论的真实性。如同“哥白尼革命”颠覆了地球是宇宙的中心，“达尔文革命”推翻了人类是生物以及自然界的主宰。此时，达尔文的声誉，达到了一个科学家所能达到的顶峰。

然而，达尔文在总结自己一生时，竟这样说：“像我这样一个能力一般的人，居然在很大程度上影响了人们在某些重要方面的

信念，真是有点儿不可思议。”这句话被人们誉为是伟大人物中最低调的自我评价。

当达尔文在晚年回顾自己一生的学术生涯时，曾如此写道：“作为科学家，我的成功取决于复杂多样的心智水平与条件；其中最重要的是：热爱科学、长期思考任一问题的无限耐心、勤勉观察和收集事实、具有相当强的发明能力与常识。”毫无疑问，他的最后一本书——《蚯蚓的秘密》完美展现了他上面所列出的全部特质，这不仅是一位科学家成功的奥秘，而且是他毕生进行生命探索的成功之道。

达尔文虽然离开了我们，但是他开拓的生命探索之旅，却从来没有结束。这也可以说是达尔文留下的宝贵遗产——他为新的生命探索打开了大门，奠定了基础。正如著名的进化生物学家杜布赞斯基所说：“没有达尔文的生物演化论，生物学里的一切都说不通。”也就是说，只有在达尔文生物演化论框架下，生命科学领域里各种看似奇奇怪怪的现象，才能得到合理的解释。